對本書的讚譽

你察覺不到的基礎設施，就是最好的基礎設施。這本書可以指引你一條到達這個境界的道路。本書提供了紮實的實作技巧，可以直接運用在實際工作上。讀完此書，你必然能建立起自己的技術專長，大幅提升應用 Kubernetes 的功力。

—*Joe Beda*
Heptio 技術長兼創辦人
Kubernetes 創辦人

這是一本絕妙的應用程式建置與執行手作指南。它不僅是一本很棒的參考書，也是協助你學習建置雲端原生容器化應用程式的最佳方式。

—*Clayton Coleman*
紅帽

在這本錦囊妙計裡，Sebastien 與 Michael 四處蒐羅了絕妙有用的妙方，讓你能迅速熟悉 Kubernetes。他們端出成打的有用提示及竅門，讓讀者們從安裝 Kubernetes 的實用角度入手，並將其應用到應用程式的運行上。

—*Liz Rice*
Aqua Security 技術宣揚者

Kubernetes 錦囊妙計

Kubernetes Cookbook
Building Cloud-Native Applications

Sébastien Goasguen & Michael Hausenblas 著

林班侯 譯

獻給我的小子們。他們的笑容、擁抱與精神讓我更臻佳境。
也獻給內人，感謝她陪我一路走來。

Sébastien

獻給 *Saphira*、*Ranya*、*Iannis* 和 *Anneliese*。

Michael

目錄

前言

歡迎你翻開 *Kubernetes* 錦囊妙計（*Kubernetes Cookbook*）這本書，也感謝你的青睞！透過這本小書，我們希望能協助你解決與 Kubernetes 相關的一些具體問題。書中彙整了 80 多個招式，涵蓋的題材從設置叢集、用 Kubernetes 的 API 物件管理容器化工作負載、使用原本的儲存、安全組態、到擴展 Kubernetes 本身等等。不論你是 Kubernetes 新手、還是已經用了好一段時間，我們都希望你可以從中找到對你有用的部份，用來改進你自己的體驗和對 Kubernetes 的運用。

誰該閱讀本書

你是一位即將投身於雲端原生功能的開發人員，或者是一位系統管理員，或甚至是你發覺自己已經身陷於新穎的 DevOps 角色之中？本書會引導你成功穿越 Kubernetes 的蠻荒叢林，從開發環境到正式環境。這些招式並不按照 Kubernetes 的基本概念作循序編排開展；但每一章所包含的招式都利用了 Kubernetes 的核心觀念和最原本的 API。

為何撰寫此書

兩位筆者都已使用 Kubernetes 有數年之久，並做出了不少貢獻，同時也目睹許多初學者會遇到的問題，連老手都不可免。我們想要分享自己在正式環境中運行 Kubernetes 時、還有我們在開發時所累積的知識，像是對核心程式碼或其周邊系統的貢獻、以及撰寫在 Kubernetes 上運行的應用程式等等。

本書概覽

本書包含 14 章。每一章都是按照 O'Reilly 的標準招式編排格式所撰寫（即問題、解法、探討）。你可以把本書從頭讀到尾、或是直接跳到你有興趣的章節或招式開始讀。每一招都是獨立於其他招式之外，如果牽涉到其他招式的觀念，我們會加以註明。索引也是非常有用的資源，因為有時某個招式會用到特定的指令，而索引可以凸顯其間的關聯。

關於 Kubernetes 發佈版本的注意事項

在本書付梓前，Kubernetes 的最新穩定版是 1.7 版^{譯註}，於 2017 年 6 月底發佈，這也是本書全部篇幅所參照的版本 [1]。不過，本書所呈現的各種解決方案，應該都可以適用更早期的版本，至少倒退到 Kubernetes 1.4 都還適用；如果有例外，我們會如實指出來，並註明至少要到哪一版才適用。

Kubernetes 在 2017 年時的發佈步調是每季更新一版（小改版，就是小數點後的數字）；舉例來說，同年 3 月發佈 1.6 版、6 月則是 1.7 版、9 月就是 1.8 版、年底 12 月當然是 1.9 版，而本書英文版則是 2018 年 3 月上市的。Kubernetes 的發佈版本指南中指出，你得到的支援可以溯及三個小改版所涵蓋的功能 [2]。亦即 1.7 版裡的某個穩定的 API 物件，至少可以沿用到 2018 年 3 月。然而由於本書中所引用的招式多半都只會用到穩定的 API，就算你使用的 Kubernetes 版本較新，招式應該也還是適用。

你需要了解的技術

這是一本中階的參考書，你應該對一些程式開發及系統管理的內容略有涉獵。在詳讀本書前，應該回顧以下題材的內容：

1　"Kubernetes 1.7: Security Hardening, Stateful Application Updates and Extensibility" 已轉址至 *https://kubernetes.io/blog/2017/06/kubernetes-1.7-security-hardening-stateful-application-extensibility-updates/* 該處會讓你下載一個檔案，加上副檔名 html 後變成 *kubernetes-1.7-security-hardening-stateful-application-extensibility-updates.html*，就可以打開來看了。

2　"Kubernetes API and Release Versioning"（*https://github.com/eBay/Kubernetes/blob/master/docs/design/versioning.md*）。

^{譯註}　譯者校稿時已是 1.12 版。

bash（*Unix shell*）

這是 Linux 和 macOS 裡的的預設 Unix shell。若能熟悉 Unix shell，像是編輯檔案、設定檔案和使用者權限、在檔案系統中移動檔案、以及撰寫若干基本的 shell 程式，會很有幫助。相關介紹可參閱 Cameron Newham 的《*Learning the bash Shell*》或是 JP Vossen 和 Carl Albing 合著的《*bash Cookbook*》，皆由 O'Reilly 出版。

套件管理

本書介紹的工具通常都具有複雜的依存關係，必須透過套件安裝才能滿足。因此，你有必要了解自己系統上的套件管理系統。如果是 Ubuntu/Debian 系統，可能是 *apt*；如果是 CentOS/RHEL 系統上，可能是 *yum*；如果是 macOS 系統，可能是 *port* 或 *brew*。不論是哪一套工具，你都要先了解如何使用它們來安裝、升級、以及移除套件。

Git

在分散式版本控制領域，Git 已經聲名卓著。如果你已經熟悉 CVS 和 SVN、尚未用過 Git，就該試用看看。Jon Loeliger 和 Matthew McCullough 合著的《**版本控制使用 Git**》是很好的入門。除了 Git，GitHub 網站（*http://github.com*）也是絕佳的起點，你可以架設自己的原始碼倉庫。要學習 GitHub，可參閱 *http://training.github.com* 及相關的教學資源（*http://try.github.io*）。

Python

除了用 C/C++ 或 Java 撰寫程式之外，我們一向鼓勵學生再挑一種指令稿語言來學習。以前是 Perl 的天下，如今當紅的後起之秀則是 Ruby 和 Go。本書中大多數的範例都會用到 Python，少數則會用到 Ruby，甚至有一個會用到 Clojure。O'Reilly 出版很多 Python 的相關書籍，包括 Bill Lubanovic 的《**精通 *Python***》、Mark Lutz 的《*Programming Python*》、以及 David Beazley 和 Brian K. Jones 合著的《*Python* 錦囊妙計》。

Go

> Kubernetes 以 Go 撰寫而成。過去幾年以來，在許多起步或是系統相關的開放原始碼專案中，Go 儼然是新興的程式語言。這本錦囊妙計並不會探討 Go 程式語言的撰寫，但它會教你如何編譯幾個以 Go 撰寫的專案。如果能對 Go 工作環境的設置有起碼的了解，會十分方便。如果裡想進一步了解，最好的起步就是 O'Reilly 的影音教學課程 "Introduction to Go Programming"。

線上資源

本書中所採用的 Kubernetes 項目清單、程式碼範例、以及其他指令稿，皆可自 GitHub 取得（*https://github.com/k8s-cookbook/recipes*）。你可以複製這個倉庫，只需找出相應的章節和招式，並執行以下指令：

```
$ git clone https://github.com/k8s-cookbook/recipes
```

 以上倉庫中的範例並不代表可以用在正式環境中的最佳設定。它們只滿足最起碼的需求，以便讓你執行本書各種招式中的範例。

本書編排慣例

本書採用下列各種字體來達到強調或區別的效果：

斜體字（*Italic*）

> 代表新名詞、URL、電子郵件地址、檔案名稱、以及檔案屬性。中文以楷體表示。

定寬字（`Constant width`）

> 用於標示程式碼，或是在本文段落中標註程式片段，如變數或函式名稱，資料庫、資料型別、環境變數、陳述式、關鍵字等等。此外也會用來標示指令本身及其輸出。

定寬粗體字（**Constant width bold**）

　　標示指令或其它由使用者輸入的文字。

定寬斜體字（*Constant width italic*）

　　標示應以使用者輸入值、或是依前後文決定內容來取代的文字

 此圖示代表提示或建議。

 此圖示代表一般性說明。

 此圖示代表警告或應該注意。

使用範例程式

本書的目的是協助你完成工作。書中的範例程式碼，你都可以引用到自己的程式和文件中。除非你要公開重現絕大部份的程式碼內容，否則毋須向我們提出引用許可。舉例來說，自行撰寫程式並引用本書的程式碼片段，並不需要授權。但如果想要將 O'Reilly 書籍的範例製成光碟來銷售或散佈，就絕對需要我們的授權。引用本書的內容與範例程式碼來回答問題不需要取得授權許可，但是將本書中的大量程式碼納入自己的產品文件，則需要取得授權。

還有，我們很感激各位註明出處，但並非必要舉措。註明出處時，通常包括書名、作者、出版社以及 ISBN。例如：「*Kubernetes Cookbook* by Sébastien Goasguen and Michael Hausenblas (O'Reilly). Copyright 2018 Sébastien Goasguen and Michael Hausenblas, 978-1-491-97968-6.」

如果您覺得自己使用程式範例的程度超出上述的合理授權範圍，歡迎隨時與我們聯繫：*permissions@oreilly.com*。

致謝

感謝全體 Kubernetes 社群,開發出如此無與倫比的軟體,這是一群多麼了不起的人——開放、慷慨、而且總是熱心助人。

撰寫本書的過程遠比原本預期的還要久,但它終於得以付梓,對於所有在過程中協助過的人,我們滿懷感激。尤其要感謝 Ihor Dvoretski、Liz Rice 和 Ben Hall 的細心審閱,他們幫忙更正了不少問題,並提供了關於排版的建言,以及若干可以協助所有讀者的招式。

## 第一章

開始使用 Kubernetes

一開始,我們要介紹一些可以協助你上手 Kubernetes 的招式。包括如何在不安裝 Kubernetes 的前提下使用它,以及介紹它的元件,像是指令列介面(command-line interface, CLI)和儀表板(dashboard)等等,透過這些元件就可以和叢集互動。此外,也會介紹 Minikube 這個整體解決方案,讓你可以在自己的筆電上執行 Kubernetes。

1.1　免安裝使用 Kubernetes

問題

想要先試用 Kubernetes,但暫時不想安裝。

解法

如果要在未曾安裝 Kubernetes 的前提下使用它,請參酌 Kubernetes 網站所附的互動教程(*https://kubernetes.io/docs/tutorials/kubernetes-basics/*)。

或是試玩一下 Katacoda 提供的 Kubernetes playground(*https://www.katacoda.com/courses/kubernetes/playground*)。當你透過 GitHub 或任一社群媒體的認證方式登入,就會看到如圖 1-1 顯示的頁面。

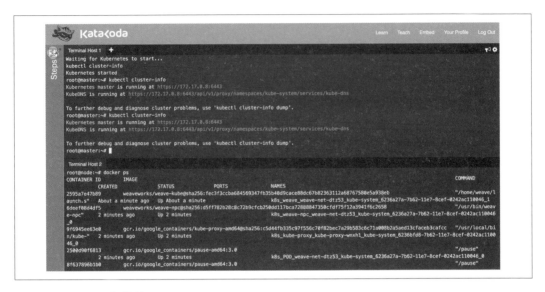

圖 1-1　Katacoda 提供的 Kubernetes Playground

注意你在 playground 啟動的環境，只能維持一段有限的時間（目前只有一小時），但它是免費的，而且只要有瀏覽器就能操作。

1.2　安裝 Kubernetes 的指令列介面 kubectl

問題

你想安裝 Kubernetes 的指令列介面，以便操作 Kubernetes 叢集。

解法

請以下列方式之一安裝 kubectl：

- 下載打包過的原始安裝檔（tarballs）。

- 利用套件管理員（package manager）來安裝。

- 自己從原始碼建置（參閱招式 13.1）。

請參閱文件（*https://kubernetes.io/docs/tasks/kubectl/install/*），裡面標註了數種取得 kubectl 的方式。最簡單的莫過於下載最新的官方發行版本。例如，在 Linux 系統裡，若要取得最新的穩定版本，請輸入：

```
$ curl -LO https://storage.googleapis.com/kubernetes-release/release/\
       $(curl -s https://storage.googleapis.com/kubernetes-release/\
       release/stable.txt)\
       /bin/linux/amd64/kubectl

$ chmod +x ./kubectl

$ sudo mv ./kubectl /usr/local/bin/kubectl
```

如果是 macOS 的使用者，可以用 Homebrew 來取得 kubectl：

```
$ brew install kubectl
```

使用 Google Kubernetes Engine 的人（參閱招式 2.7），只需先裝好 gcloud 命令，就可以連帶取得 kubectl。以筆者自己機器為例：

```
$ which kubectl
/Users/sebgoa/google-cloud-sdk/bin/kubectl
```

此外也注意，最新版的 Minikube（參閱招式 1.3）套件裡也包含了 kubectl，而且安裝時還會順便更改路徑變數 $PATH。

在繼續讀下去之前，請先試著查詢你的 kubectl 版本，確認它可以運作。這道指令同時也會試著取得預設 Kubernetes 叢集的版本：

```
$ kubectl version
Client Version: version.Info{Major:"1", \
                             Minor:"7", \
                             GitVersion:"v1.7.0", \
                             GitCommit:"fff5156...", \
                             GitTreeState:"clean", \
                             BuildDate:"2017-03-28T16:36:33Z", \
                             GoVersion:"go1.7.5", \
                             Compiler:"gc", \
                             Platform:"darwin/amd64"}
  ...
```

參閱

- 安裝 kubectl 的文件說明（*https://kubernetes.io/docs/tasks/kubectl/install/*）

1.3　安裝 Minikube 以便運行本機版的 Kubernetes 實例

問題

你想在自己的機器上測試或開發 Kubernetes、或是僅作為教育訓練用途。

解法

用 Minikube 就好。Minikube 是一種可以讓你在自己機器上使用 Kubernetes 的工具，但只需安裝 minikube 二進位檔就足夠。它會透過你的本機 hypervisor（如 VirtualBox 或 KVM 之類）啟動一個虛擬機器，然後以單一節點運行 Kubernetes。為了讓 minikube 可以運作，必須要先裝 VirtualBox 才行。

要在本機安裝 Minikube CLI，只需取得最新發行版本、或是自行從原始碼建置。若要取得 v0.18.0 版的 minikube、並安裝在 Linux 的機器上，請這樣做：

```
$ curl -Lo minikube https://storage.googleapis.com/minikube/releases/v0.18.0/\
                     minikube-linux-amd64

$ chmod +x minikube

$ sudo mv minikube /usr/local/bin/
```

這樣就會把 minikube 的二進位檔放在你指定的路徑下，而且可以從任何位置執行它。

探討

一旦裝好 minikube，你可以執行以下指令檢視運行中的版本：

```
$ minikube version
minikube version: v0.18.0
```

這樣啟動它：

```
$ minikube start
```

一旦啟動完成，Kubernetes 用戶端程式 kubectl 就會以 minikube 為運作環境，而且會自動開始使用它。若是檢查你的叢集裡有哪些節點，就會得到 minikube 的主機名稱：

```
$ kubectl get nodes
NAME        STATUS    AGE
minikube    Ready     5d
```

參閱

- Minikube 的文件（*https://kubernetes.io/docs/getting-started-guides/minikube/*）

- GitHub 上的 minikube 原始碼（*https://github.com/kubernetes/minikube*）

1.4　在本機使用 Minikube 進行開發

問題

你想在本機端利用 Minikube 來測試和開發你的 Kubernetes 應用程式。你已裝好並啟用了 minikube（參閱招式 1.3），而且想知道一些額外的指令，好簡化你的開發體驗。

解法

Minikube 的指令介面提供了若干指令，讓你可以輕鬆操作。指令介面內建說明，可以讓你了解有哪些子指令可用，範例如下：

```
$ minikube
...
Available Commands:
  addons          Modify minikube's kubernetes addons.
...
  start           Starts a local kubernetes cluster.
  status          Gets the status of a local kubernetes cluster.
  stop            Stops a running local kubernetes cluster.
  version         Print the version of minikube.
```

除了 start、stop 和 delete 之外，你還應當熟悉 ip、ssh、dashboard 和 docker-env 等指令。

Minikube 會運行一個 Docker 引擎，以便啟動容器。如果要從你的電腦用本機安裝的 Docker 用戶端取用這個 Docker 引擎，必須透過 minikube docker-env 設置正確的 Docker 環境。

探討

minikube start 指令會啟動一個虛擬機器（VM），裡面會執行 Kubernetes。根據預設值，它會分配到 2 GB 的 RAM，因此當你完成工作後，記得用 minikube stop 將其停止。此外，你也可以分配更多的記憶體和 CPU 給 VM、或是指定某一個 Kubernetes 版本來執行：

```
$ minikube start --cpus=4 --memory=4000 --kubernetes-version=v1.7.2
```

如果要替 Minikube 裡所使用的 Docker 服務（daemon）除錯，minikube ssh 會是你的好幫手，它會幫你登入虛擬機器。要知道 Minikube 虛擬機器的 IP 位址，請執行 minikube ip。最後，若要在瀏覽器裡啟動 Kubernetes 儀表板，可以用 minikube dashboard。

如果你的 Minikube 因故變得不穩定，或是想從頭來過，可以用 minikube stop 和 minikube delete 指令將其移除，然後執行 minikube start 就可以得到一個嶄新的環境。[譯註]

[譯註] 譯者試用 miniKube delete 後曾發生叢集刪不乾淨的狀況，導致事後不論是 miniKube delete 還是 miniKube start 都會出現一樣的 config.json: no such file or directory 錯誤。但只須把家目錄下的 .minikube 目錄也刪掉，再執行 miniKube start 就會下載乾淨的映像檔重建環境了。

1.5　在 Minikube 上啟動應用程式

問題

已經啟動了 Minikube（參閱招式 1.3），現在要在 Kubernetes 上啟動一個應用程式。

解法

以這個啟動部落格平台的範例來說，只需兩道 kubectl 指令，就可以在 Minikube 上啟動一個迷你部落格平台 Ghost（*https://ghost.org*）：

```
$ kubectl run ghost --image=ghost:0.9
$ kubectl expose deployments ghost --port=2368 --type=NodePort
```

手動監控 pod，以便觀察它何時開始執行，然後利用 minikube service 指令自動開啟瀏覽器、並存取 Ghost：^{譯註}

```
NAME                        READY     STATUS     RESTARTS    AGE
ghost-8449997474-kn86m      1/1       Running    0           2h

$ minikube service ghost
```

探討

像 kubectl run 這樣的指令，被稱為**產生器**（*generator*）；這是一道十分方便的指令，可以產生出一個部署（Deployment）物件（參閱招式 4.4）。kubectl expose 這樣的指令同樣也是一個產生器，很容易就可以建立一個服務（Service）物件（參閱招式 5.1），以便把流量轉往你部署的容器。

譯註 這裡應先執行 kubectl get pods 才能看到執行 ghost 的 pod。

1.6 如何存取 Minikube 的儀表板

問題

已經在使用 Minikube，現在打算使用 Kubernetes 儀表板，希望藉由圖型使用介面啟動一個應用程式。

解法

可以從 Minikube 開啟 Kubernetes 的儀表板：

```
$ minikube dashboard
```

點一下瀏覽器使用介面頂端右測的加號（＋），就會看到如圖 1-2 所示的畫面。[譯註]

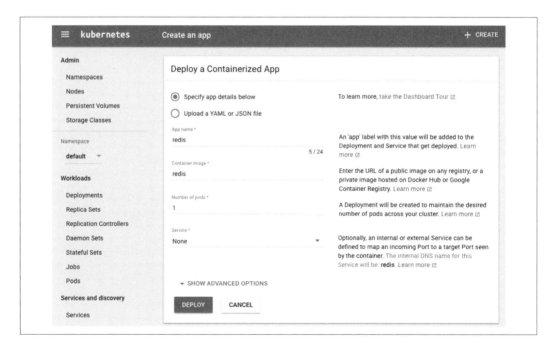

圖 1-2 儀表板應用程式建置畫面

[譯註] 譯者試用時畫面已略有變動，按下＋號後的頁面分成 CREATE FROM TEXT INPUT、CREATE FROM FILE、CREATE AN APP 三個頁籤；內容與圖 1-2 最接近的是 CREATE AN APP 頁籤。

探討

要建立一個應用程式，請按下右上角的建立（Create）按鈕，並為應用程式命名，然後指定你要使用的 Docker 映像檔。然後按下部署（Deploy）按鈕，你就會在另一個新畫面中看到部署成果和抄本集合（replica sets），稍後還會看到一個 pod。這些都是關鍵的基本 API，在本書接下來的章節裡我們還會進一步處理它們。

圖 1-3 呈現的，是在使用 Redis 容器建立單一應用程式後的典型儀表板外觀。

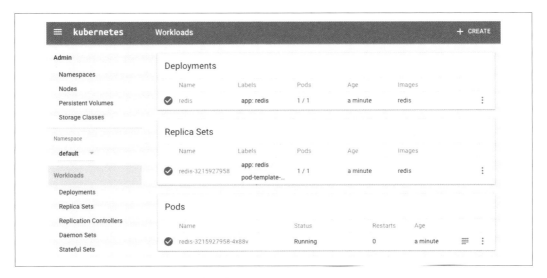

圖 1-3　一個 Redis 應用程式的儀表板外觀

如果你回到終端機使用指令列用戶端觀察，就會發現一樣的內容：

```
$ kubectl get pods,rs,deployments
NAME                         READY      STATUS      RESTARTS    AGE
po/redis-3215927958-4x88v    1/1        Running     0           24m

NAME                    DESIRED    CURRENT    READY     AGE
rs/redis-3215927958     1          1          1         24m

NAME             DESIRED    CURRENT    UP-TO-DATE    AVAILABLE    AGE
deploy/redis     1          1          1             1            24m
```

你的 Redis pod 會負責運行 Redis 伺服器，如下圖所示：

```
$ kubectl logs redis-3215927958-4x88v
...
```

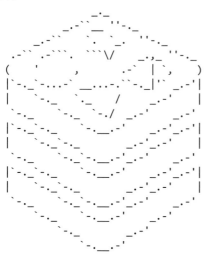

```
                Redis 3.2.9 (00000000/0) 64 bit

                Running in standalone mode
                Port: 6379
                PID: 1


                http://redis.io
```

```
...
1:M 14 Jun 07:28:56.637 # Server started, Redis version 3.2.9
1:M 14 Jun 07:28:56.643 * The server is now ready to accept connections on
port 6379
```

## 第二章

建置一個 Kubernetes 叢集

本章將要討論設置全功能 Kubernetes 叢集的方式。我們會談到低階的標準化工具（kubeadm）、它同時也是其他安裝的基礎，另外也會介紹何處可以找到與控制層（control plane）以及 worker 節點相關的二進位檔。我們會討論以 hyperkube 設置容器化的 Kubernetes，並展示如何撰寫 systemd 單元檔，以便監督 Kubernetes 元件，最後則會教大家如何在 Google Cloud 和 Azure 上建置叢集。

2.1　安裝 kubeadm 以建立 Kubernetes 叢集

問題

想用 kubeadm 從頭開始設立一個 Kubernetes 叢集。

解法

從 Kubernetes 套件倉庫下載 kubeadm 指令列介面工具。

所有的伺服器上都需要安裝 kubeadm，這些伺服器才能組成 Kubernetes 叢集（不僅限於 master、而是所有的節點）。

舉例來說，如果你採用的是 Ubuntu 體系的主機群，那每台主機都需要 root 身份[譯註1] 進行以下動作，以便設定 Kubernetes 套件倉庫：

```
# apt-get update && apt-get install -y apt-transport-https

# curl -s https://packages.cloud.google.com/apt/doc/apt-key.gpg | apt-key add -

# cat <<EOF >/etc/apt/sources.list.d/kubernetes.list
  deb http://apt.kubernetes.io/ kubernetes-xenial main
  EOF

# apt-get update
```

現在可以安裝 Docker 引擎和各種 Kubernetes 工具了。你需要安裝以下工具：

- kubelet 的二進位檔
- kubeadm 的指令列介面
- kubectl 用戶端
- kubernetes-cni，亦即容器網路介面（Container Networking Interface, CNI）這個外掛程式（plug-in）

安裝方式如下：

```
# apt-get install -y docker.io[譯註2]
# apt-get install -y kubelet kubeadm kubectl kubernetes-cni[譯註3]
```

探討

當所有的二進位檔及工具都已裝好，你就可以動手設置自己的 Kubernetes 叢集了。在你的 master 節點上，初始化叢集的方式如下：

[譯註1] 如果不是 root 身份，在 Ubuntu 裡可以用 sudo su 先切換成 root，做完以下動作再還原身份。

[譯註2] 以 Ubuntu 為例，有時從 Ubuntu repository 拿到的 docker 版本，也許會與 kubernetes 所支援的有落差，因此應注意 docker 與 kubernetes 之間版本相容的問題。

[譯註3] Kubernetes 換版非常快，有時這些元件彼此之間也會有版本相容性落差。這時就需要刻意安裝相容的舊版本。

```
# kubeadm init
[kubeadm] WARNING: kubeadm is in beta, please do not use it for production
clusters.
[init] Using Kubernetes version: v1.7.8
[init] Using Authorization modes: [Node RBAC]
[preflight] Running pre-flight checks
...
```

初始化結束前,你會得到一條指示,要在所有的 worker 節點上執行命令(參閱招式 2.2)。這道命令需要用到初始化過程所產生的一個代碼(token)。[譯註]

參閱

- 使用 kubeadm 建立叢集
  (*https://kubernetes.io/docs/setup/independent/create-cluster-kubeadm/*)

2.2 利用 kubeadm 建構一個 Kubernetes 叢集

問題

你已經初始化了一個 Kubernetes 的 master 節點(參閱招式 2.1),現在需要把 worker 節點加入叢集。

解法

只要按照招式 2.1 所教的方式,設定好 Kubernetes 套件倉庫、也裝好了 kubeadm,再輸入你在 master 節點執行 init 步驟時取得的代碼,就可以執行 join 命令了:

```
$ kubeadm join --token <token>
```

[譯註] 如果你也是用 VM 裝 Ubuntu 來試用 Kubeadm,很可能你也會看到這個 preflight 檢查錯誤訊息:
running with swap on is not supported. Please disable swap
只要下 sudo swapoff -a 就可以避過了。

回到 master 終端會談，就可以看到已加入的節點：

```
$ kubectl get nodes
```
譯註 1

探討

最後一步就是要建立一個能夠滿足 Kubernetes 網路需求的網路（特別是每個 pod 的單一 IP 位址）。你可以使用任何一種網路附加工具[1]。如 Weave Net[2]，只需一道 kubectl 命令就可以裝在 1.6.0 版以上的 Kubernetes 叢集裡：

```
$ export kubever=$(kubectl version | base64 | tr -d '\n')
$ kubectl apply -f "https://cloud.weave.works/k8s/net?k8s-version=$kubever"
```

這道命令會替叢集中所有節點所執行的服務建立集合（daemon sets，參閱招式 7.3）。這些服務集合都會利用寄居主機網路和 CNI（*https://github.com/containernetworking/cni*）外掛程式來設定本地節點網路。一旦網路準備好，你的叢集就會呈現 READY 狀態。[譯註 2]

至於其他可以在 kubeadm 建構過程中用來建立 pod 網路的附加工具，請參閱文件（*https://kubernetes.io/docs/setup/independent/create-cluster-kubeadm/#pod-network*）。

參閱

- 以 kubeadm 建立叢集的文件
  （*https://kubernetes.io/docs/setup/independent/create-cluster-kubeadm/*）

---

1 參閱 Kubernetes 官網文章「Installing Addons」（如何安裝附加工具，*https://kubernetes.io/docs/concepts/cluster-administration/addons/*）。

2 參閱 Weaveworks 官網文章「Integrating Kubernetes via the Addon」（透過附加工具整合 Kubernetes，*https://www.weave.works/docs/net/latest/kube-addon/*）。

譯註 1 也許你執行 kubectl get nodes 時也跟譯者遇上一樣的錯誤：

The connection to server a.b.c.d was refused - did you specify the right host or port?

其實 kubeadm init 的結尾訊息除了 token 以外還有一段文字，大意是若要使用叢集，須先以一般身份執行下列命令：

```
mkdir -p $HOME/.kube
sudo cp -i /etc/kubernetes/admin.conf $HOME/.kube/config
sudo chown $(id -u):$(id -g) $HOME/admin.conf
```

然後再執行一次 kubeadm get nodes，才會看到一個 STATUS 是 Not Ready 的 master 節點。

譯註 2 做完這一步之後，你執行 kubectl get nodes 才會看到一個 STATUS 是 Ready 的節點。

2.3 從 GitHub 下載 Kubernetes 發行內容

問題

想下載官方發行的 Kubernetes，不想自己用原始碼編譯。

解法

請遵照手動程序，前往 GitHub 發行頁面（*https://github.com/kubernetes/kubernetes/releases*）。選取你要下載的發行版本、或是潛在的搶鮮版。然後選擇你需要編譯的原始碼包裝，或是下載 *kubernetes.tar.gz* 檔案。

抑或是利用 GitHub API 檢視最新發行版本標籤，就像這樣：

```
$ curl -s https://api.github.com/repos/kubernetes/kubernetes/releases | \
      jq -r .[].assets[].browser_download_url
https://github.com/kubernetes/kubernetes/releases/download/v1.9.0/
      kubernetes.tar.gz
https://github.com/kubernetes/kubernetes/releases/download/v1.9.0-beta.2/
      kubernetes.tar.gz
https://github.com/kubernetes/kubernetes/releases/download/v1.8.5/
      kubernetes.tar.gz
https://github.com/kubernetes/kubernetes/releases/download/v1.9.0-beta.1/
      kubernetes.tar.gz
https://github.com/kubernetes/kubernetes/releases/download/v1.7.11/
      kubernetes.tar.gz
...
```

然後下載你需要的 *kubernetes.tar.gz* 發行套件。例如，要取得 1.7.11 版時：

```
$ wget https://github.com/kubernetes/kubernetes/releases/download/\
      v1.7.11/kubernetes.tar.gz
```

如果要從原始碼編譯 Kubernetes，請參閱招式 13.1。

 別忘了要驗證 *kubernetes.tar.gz* 檔案的安全雜湊值（secure hash）。GitHub 發行頁面會列有 SHA256 hash 值。下載檔案後，請自行產生雜湊值並進行比對。就算發行版本未經 GPG 簽署，驗證雜湊值還是會有驗明檔案正身的效果。

2.4 下載用戶端和伺服器的二進位檔

問題

已經下載發行版檔案（參閱招式 2.3），但裡面沒有真正的二進位檔。

解法

為了讓發行版檔案儘量保持精簡，它並未包含發行內容的二進位檔。你需要另外下載。請執行以下的 *get-kube-binaries.sh* 指令稿下載二進位檔：

```
$ tar -xvf kubernetes.tar.gz
$ cd kubernetes/cluster
$ ./get-kube-binaries.sh
```

完成後，用戶端二進位檔就在 *client/bin* 目錄之下：[譯註 1]

```
$ tree ./client/bin
./client/bin
├── kubectl
└── kubefed
```

而伺服器二進位檔則位於 *server/kubernetes/server/bin* 目錄下：[譯註 2]

```
$ tree server/kubernetes/server/bin
server/kubernetes/server/bin
├── cloud-controller-manager
├── kube-apiserver
...
```

[譯註 1] 嚴格來說，如果你在自己的 home 目錄下執行 tar，執行 tree 檢查時應該在 ~/kubernetes 這一層做，因為 client 和 cluster 是同一層的子目錄。此例的 client 二進位檔位於 ~/kubernetes/client/bin/ 之下。

[譯註 2] 可惜並沒有。~/kubernetes/server 底下這時還只有幾個 gz 檔，像譯者這時就只看到 kubernetes-server-linux-amd64-tar.gz 等檔案。亦即你還需重新正確解開它，kubernetes server 的二進位檔才能出現在 ~/kubernetes/server/kubernetes/server/bin/ 之下。

如果你不想下載發行內容，只想迅速取得用戶端和 / 或伺服器二進位檔，
可以直接由 *https://dl.k8s.io* 取得。舉例來說，如果想取得 Linux 專用的
1.7.11 版二進位檔，請這樣做：

```
$ wget https://dl.k8s.io/v1.7.11/\
   kubernetes-client-linux-amd64.tar.gz
```

```
$ wget https://dl.k8s.io/v1.7.11/\
   kubernetes-server-linux-amd64.tar.gz
```

2.5　用一個 hyperkube 映像檔，　　在 Docker 上運行 Kubernetes 主節點

問題

想利用幾個 Docker 容器建立一個 Kubernetes 的 master 節點。特別是需要在容器中運行
API 伺服器、排程器（scheduler）、控制器（controller）和 etcd 鍵 / 值儲存場所等功能。

解法

你可以利用二進位檔 hypercube 再加上 etcd 容器來達成目的。hyperkube 是一個完備的
Docker 映像檔，內有必備的二進位檔。你可以透過它啟動所有的 Kubernetes 程序。

要建立 Kubernetes 叢集，你需要一個儲存方案，用來保管叢集的狀態。在 Kubernetes
裡，這個解決方案稱為 etcd，是一個分散式的鍵 / 值儲藏場所；因此你得先啟動一個
etcd 實例。就像這樣：

```
$ docker run -d \
      --name=k8s \
      -p 8080:8080 \
      gcr.io/google_containers/etcd:3.1.10 \
      etcd --data-dir /var/lib/data
```

然後，就可以透過俗稱 hyperkube 的映像檔來啟動 API 伺服器，因為映像檔裡就包含了 API 伺服器的二進位檔。該映像檔可從 Google 容器登錄所（Google Container Registry, GCR）取得，其位址為 gcr.io/google_containers/hyperkube:v1.7.11。我們為 API 伺服器指定的的本機通訊埠並不安全。請把 v1.7.11 換成最新版本、或任一你要使用的版本：

```
$ docker run -d \
        --net=container:k8s \
        gcr.io/google_containers/hyperkube:v1.7.11 \
        /apiserver --etcd-servers=http://127.0.0.1:2379 \
        --service-cluster-ip-range=10.0.0.1/24 \
        --insecure-bind-address=0.0.0.0 \
        --insecure-port=8080 \
        --admission-control=AlwaysAdmit
```

最後，啟動進入控制器（admission controller），並指向 API 伺服器：

```
$ docker run -d \
        --net=container:k8s \
        gcr.io/google_containers/hyperkube:v1.7.11/\
        controller-manager --master=127.0.0.1:8080
```

注意，由於 etcd、API 伺服器及 controller-manager 三個容器共用同一個網路命名空間（network namespace），因此可透過同一個 IP 位址 127.0.0.1 彼此聯繫，即使它們分別運行在不同的容器上。

為了測試你的設置是否有效，請用 etcd 容器裡的 etcdctl 列出 /registry 目錄下的內容：

```
$ docker exec -ti k8s /bin/sh
# export ETCDCTL_API=3
# etcdctl get "/registry/api" --prefix=true
```

也可以操作你的 Kubernetes API 伺服器並探索 API：

```
$ curl -s curl http://127.0.0.1:8080/api/v1 | more
{
  "kind": "APIResourceList",
  "groupVersion": "v1",
  "resources": [
    {
      "name": "bindings",
      "singularName": "",
```

```
      "namespaced": true,
      "kind": "Binding",
      "verbs": [
        "create"
      ]
    },
  ...
```

到目前為止，你還未啟動排程器、也還沒替節點設置 kubelet 和 kube-proxy。這裡只告訴你如何透過啟動三個本地容器來運行 Kubernetes API 伺服器。

 有時透過 hyperkube 這個 Docker 映像檔來驗證若干 Kubernetes 二進位檔的設定選項，也很有幫助。舉例來說，若要檢視主要的 /apiserver 命令的說明，可使用以下指令：

```
$ docker run --rm -ti \
          gcr.io/google_containers/hyperkube:v1.7.11 \
          /apiserver --help
```

探討

雖然在本地端探索各種 Kubernetes 元件是一種很方便的作法，但我們不建議在正式環境這樣做。

參閱

- Hyperkube 的 Docker 映像檔
  （*https://github.com/kubernetes/kubernetes/tree/master/cluster/images/hyperkube*）

2.6 撰寫一個 systemd 單元檔 以便執行 Kubernetes 的元件

問題

已經有一個 Minikube（參閱招式 1.3）可以用來學習，也知道如何以 kubeadm 來啟動一個 Kubernetes 叢集（參閱招式 2.2），但希望能夠自己從頭安裝一個叢集。要做到這一點，必須透過 systemd 單元檔來運行 Kubernetes 的元件。你只需要基本的範例，能透過 systemd 來運行 kubelet 就好。

解法

systemd[3] 是一個管理系統和服務的工具，有時也被視為是 init 系統的一種。現在它是 Ubuntu 16.04 和 CentOS 7 的預設服務管理者。

檢視 kubeadm 的作法，是學會自行處理的最佳方式。如果你先仔細觀察 kubeadm 的組態，就會看到叢集中的每一個節點上都有 kubelet 在運行，連 master 節點也不例外，而且都是由 systemd 掌管的。

只需登入任一透過 kubeadm 建立的叢集節點，就可重現以下這個範例（建立方式請參閱招式 2.2）：

```
# systemctl status kubelet
● kubelet.service - kubelet: The Kubernetes Node Agent
   Loaded: loaded (/lib/systemd/system/kubelet.service; enabled; vendor preset:
           enabled)
  Drop-In: /etc/systemd/system/kubelet.service.d
           └─10-kubeadm.conf
   Active: active (running) since Tue 2017-06-13 08:29:33 UTC; 2 days ago
     Docs: http://kubernetes.io/docs/
 Main PID: 4205 (kubelet)
    Tasks: 17
   Memory: 47.9M
      CPU: 2h 2min 47.666s
   CGroup: /system.slice/kubelet.service
```

---

3 freedesktop.org, "systemd"（*https://www.freedesktop.org/wiki/Software/systemd/*）。

```
├─4205 /usr/bin/kubelet --kubeconfig=/etc/kubernetes/kubelet.conf \
│                        --require-kubeconfig=true \
│                        --pod-manifest-path=/etc/kubernetes/manifests \
│                        --allow-privileged=true \
│                        --network-plugin=cni \
│                        --cni-conf
└─4247 journalctl -k -f
```

這裡會看到一個通往 systemd 單元檔案的連結，位於 */lib/systemd/system/kubelet.service*，
以及它的組態檔 */etc/systemd/system/kubelet.service.d/10-kubeadm.conf*。

單元檔的內容很直接了當，它會指向位在 */usr/bin* 底下的 kubelet 二進位檔：

```
[Unit]
Description=kubelet: The Kubernetes Node Agent
Documentation=http://kubernetes.io/docs/

[Service]
ExecStart=/usr/bin/kubelet
Restart=always
StartLimitInterval=0
RestartSec=10

[Install]
WantedBy=multi-user.target
```

組態檔則會指出 kubelet 二進位檔是如何啟動的：

```
[Service]
Environment="KUBELET_KUBECONFIG_ARGS=--kubeconfig=/etc/kubernetes/kubelet.conf
             --require-kubeconfig=true"
Environment="KUBELET_SYSTEM_PODS_ARGS=--pod-manifest-path=/etc/kubernetes/
             manifests --allow-privileged=true"
Environment="KUBELET_NETWORK_ARGS=--network-plugin=cni
             --cni-conf-dir=/etc/cni/net.d --cni-bin-dir=/opt/cni/bin"
Environment="KUBELET_DNS_ARGS=--cluster-dns=10.96.0.10
             --cluster-domain=cluster.local"
Environment="KUBELET_AUTHZ_ARGS=--authorization-mode=Webhook
             --client-ca-file=/etc/kubernetes/pki/ca.crt"
ExecStart=
ExecStart=/usr/bin/kubelet $KUBELET_KUBECONFIG_ARGS $KUBELET_SYSTEM_PODS_ARGS
          $KUBELET_NETWORK_ARGS $KUBELET_DNS_ARGS $KUBELET_AUTHZ_ARGS
          $KUBELET_EXTRA_ARGS
```

這裡所指出的所有選項，像是 --kubeconfig，都是由環境變數 $KUBELET_CONFIG_ARGS 所定義的 kubelet 二進位檔啟動選項（*https://kubernetes.io/docs/admin/kubelet/*）。

探討

這裡的單元檔只顯示了如何處理 kubelet。你可以自行撰寫單元檔以便處理其他所有的 Kubernetes 叢集元件（例如，API 伺服器、controller-manager、排程器、proxy 等等）。在 Kubernetes the Hard Way 這本書裡有每一個元件專屬的單元檔可以參考。[4]

但是，其實只需要能執行 kubelet 就好。事實上，組態選項 --podmanifest-path 可以讓你設定目錄，供 kubelet 尋找它應該自動啟動的項目清單（manifest）。對於 kubeadm 來說，這個目錄則是用來把項目清單傳遞給 API 伺服器、排程器、etcd 和 controller-manager 用的。因此 Kubernetes 會自行管理這一切，唯一需要 systemd 管理的，就只有 kubelet 這個程序而已。

要說明這一點，你可以到自己用 kubeadm 建立的叢集裡，列出 */etc/kubernetes/manifests* 目錄下的內容：

```
# ls -l /etc/kubernetes/manifests
total 16
-rw------- 1 root root 1071 Jun 13 08:29 etcd.yaml
-rw------- 1 root root 2086 Jun 13 08:29 kube-apiserver.yaml
-rw------- 1 root root 1437 Jun 13 08:29 kube-controller-manager.yaml
-rw------- 1 root root  857 Jun 13 08:29 kube-scheduler.yaml
```

觀察 *etcd.yaml* 項目的內容，就會看出它其實就是一個以單一容器運行 etcd 的 Pod：

```
# cat /etc/kubernetes/manifests/etcd.yaml

apiVersion:         v1
kind:               Pod
metadata:
  creationTimestamp: null
  labels:
    component:       etcd
    tier:            control-plane
  name:              etcd
```

4　Kubernetes the Hard Way，「建立 Kubernetes 的控制層」（Bootstrapping the Kubernetes Control Plane，*https://github.com/kelseyhightower/kubernetes-the-hard-way/blob/master/docs/08-bootstrapping-kubernetes-controllers.md?*）。

```
    namespace:          kube-system
  spec:
    containers:
    - command:
      - etcd
      - --listen-client-urls=http://127.0.0.1:2379
      - --advertise-client-urls=http://127.0.0.1:2379
      - --data-dir=/var/lib/etcd
      image:              gcr.io/google_containers/etcd-amd64:3.0.17
  ...
```

參閱

- kubelet 的組態選項（*https://kubernetes.io/docs/admin/kubelet/*）

2.7 在 Google Kubernetes 引擎（GKE）上 建立一個 Kubernetes 叢集

問題

在 Google Kubernetes 引擎上建立一個 Kubernetes 叢集。

解法

藉由 gcloud 指令列介面，用 container clusters create 命令建立一個 Kubernetes 叢集，像這樣：

```
$ gcloud container clusters create oreilly
```

按照預設值，這個 Kubernetes 叢集會包含三個 worker 節點。但 master 節點則是由 GKE 服務掌控，你無法接觸到。

探討

要使用 GKE，你必須準備以下幾件事：

- 在 Google 雲端平台（Google Cloud Platform）建立一個帳號，並啟用收費功能。

- 建立一個專案，並在專案中啟用 GKE 服務。

- 在你自己的機器上安裝 gcloud CLI。

如果要儘快設定 gcloud，不妨利用 Google Cloud Shell（*https://cloud.google.com/shell/docs/*），這是一個純線上瀏覽器介面的解決方案。

建好叢集之後，把它列出來看看：

```
$ gcloud container clusters list
NAME      ZONE           MASTER_VERSION   MASTER_IP      ...  STATUS
oreilly   europe-west1-b  1.7.8-gke.0      35.187.80.94   ...  RUNNING
```

 你可以透過 gcloud 指令列介面修改叢集規模、加以更新、或是進行升級：

```
...
COMMANDS
...
    resize
       Resizes an existing cluster for running containers.
    update
       Update cluster settings for an existing container cluster.
    upgrade
       Upgrade the Kubernetes version of an existing container
       cluster.
```

用完叢集後，別忘了把它刪掉，以免真的被計費：

```
$ gcloud container clusters delete oreilly
```

參閱

- GKE 快速啟用指南

  （GKE Quickstart，*https://cloud.google.com/container-engine/docs/quickstart*）

- Google Cloud Shell 快速啟用指南

  （Google Cloud Shell Quickstart，*https://cloud.google.com/shell/docs/quickstart*）

2.8 在 Azure 容器服務（ACS）上建立一個 Kubernetes 叢集

問題

想在 Azure 容器服務（Azure Container Service, ACS）建立一個 Kubernetes 叢集。

解法

要進行以下步驟前，請先登入一個（免費的）Azure 帳號（*https://azure.microsoft.com/en-us/free/*），並安裝 2.0 版的 Azure 指令列介面（**az**）（*https://docs.microsoft.com/en-us/cli/azure/install-azure-cli*）。

首先，確認你安裝的 az 指令列介面版本是合正確、然後再登入：

```
$ az --version | grep ^azure-cli
azure-cli (2.0.13)

$ az login
To sign in, use a web browser to open the page https://aka.ms/devicelogin and
enter the code XXXXXXXXX to authenticate.
[
  {
    "cloudName": "AzureCloud",
    "id": "**************************",
    "isDefault": true,
    "name": "Free Trial",
```

```
    "state": "Enabled",
    "tenantId": "***************************",
    "user": {
      "name": "******@hotmail.com",
      "type": "user"
    }
  }
]
```

在準備時，請建立一個 Azure 資源群組（Azure resource group，相當於 Google Cloud 裡的專案），並命名為 k8s。這個資源群組擁有你全部的資源，如虛擬機器和網路元件等等，事後要清理或消除也很方便：

```
$ az group create --name k8s --location northeurope
{
  "id": "/subscriptions/***********************/resourceGroups/k8s",
  "location": "northeurope",
  "managedBy": null,
  "name": "k8s",
  "properties": {
    "provisioningState": "Succeeded"
  },
  "tags": null
}
```

 如果你不確定自己在 --location 引數裡該使用哪一個地區（region，*https://azure.microsoft.com/en-us/regions/*），請執行 az account list-locations，選一個最靠近你的地區。

現在你擁有一個叫做 k8s 的資源群組了。接著，可以建立一個內有單一 worker 節點的叢集（*agent*，在 Azure 術語裡稱為**代理程式**）就像這樣：

```
$ az acs create --orchestrator-type kubernetes \
                --resource-group k8s \
                --name k8scb \
                --agent-count 1 \
                --generate-ssh-keys
waiting for AAD role to propagate.done
{
...
"provisioningState": "Succeeded",
"template": null,
```

```
"templateLink": null,
"timestamp": "2017-08-13T19:02:58.149409+00:00"
},
"resourceGroup": "k8s"
}
```

注意 `az acs create` 這道命令可能需耗時多達 10 分鐘才能完成。

 如果使用免費的 Azure 帳號，你就沒有足夠的配額（quota）來建立預設（有
三個代理程式）的 Kubernetes 叢集，因此，練習時會看到這樣的訊息：

```
Operation results in exceeding quota limits of Core.
Maximum allowed: 4, Current in use: 0, Additional
requested: 8.
```

要解決這個問題，只能將叢集規模縮小（例如把參數改成 `--agent-count 1`），
或者是乾脆改用付費帳號。

然後，應該就可以在 Azure 入口頁面（portal）看到像圖 2-1 的畫面了。先找出資源群組
k8s，然後瀏覽到部署（Deployments）索引標籤。

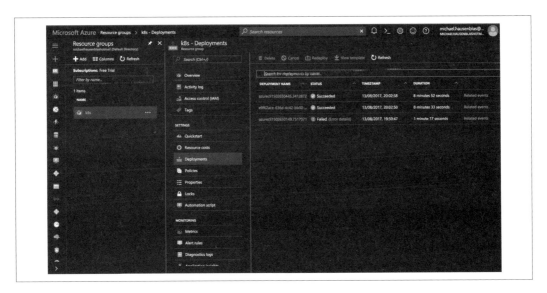

圖 2-1　Azure Portal 畫面。顯示的是 k8s 資源群組裡的 ACS 部署

現在，已經可以連接叢集了：

```
$ az acs kubernetes get-credentials --resource-group=k8s --name=k8scb
```

接著，可以檢視你的設置：

```
$ kubectl cluster-info
Kubernetes master is running at https://k8scb-k8s-143f1emgmt.northeurope.cloudapp
  .azure.com
Heapster is running at https://k8scb-k8s-143f1emgmt.northeurope.cloudapp.azure
  .com/api/v1/namespaces/kube-system/services/heapster/proxy
KubeDNS is running at https://k8scb-k8s-143f1emgmt.northeurope.cloudapp.azure
  .com/api/v1/namespaces/kube-system/services/kube-dns/proxy
kubernetes-dashboard is running at https://k8scb-k8s-143f1emgmt.northeurope
  .cloudapp.azure.com/api/v1/namespaces/kube-system/services/kubernetes-dashboard
  /proxy
tiller-deploy is running at https://k8scb-k8s-143f1emgmt.northeurope.cloudapp
  .azure.com/api/v1/namespaces/kube-system/services/tiller-deploy/proxy

To further debug and diagnose cluster problems, use 'kubectl cluster-info dump'.

$ kubectl get nodes
NAME                     STATUS                  AGE     VERSION
k8s-agent-1a7972f2-0     Ready                   7m      v1.7.8
k8s-master-1a7972f2-0    Ready,SchedulingDisabled 7m     v1.7.8
```

正如輸出訊息中所顯示的，有一個代理程式（worker）節點和一個 master 節點。

探索完 ACS 後，別忘了關閉叢集、並把所有的資源都刪除（亦即刪除資源群組 k8s）：

```
$ az group delete --name k8s --yes --no-wait
```

雖說 az group delete 指令會立即回應，且實際上仍可能花上 10 分鐘（包括虛擬機器、虛擬網路或磁碟等等）才能清除所有資源，真正拆掉資源群組。你最好檢查一下 Azure portal，確認所有的事情都依計畫進行。

 如果你不想（或無法）安裝 Azure CLI，可以改用瀏覽器版本的 Azure Cloud Shell（*https://azure.microsoft.com/en-us/features/cloud-shell/*），這樣也可以進行以上的 Kubernetes 叢集安裝步驟。

參閱

- 微軟 Azure 文件的「為 Linux 容器部署 Kubernetes 叢集」
（Deploy Kubernetes cluster for Linux containers，*https://docs.microsoft.com/en-us/azure/container-service/kubernetes/container-service-kubernetes-walkthrough*）

## 第三章

學習使用
Kubernetes 用戶端

本章所述招式皆為 Kubernetes 指令列介面工具 kubectl 的基本使用方式。指令列介面工具的安裝請參閱第 1 章;進階的使用方式請參閱第 6 章,到時我們會再介紹如何使用 Kubernetes 的 API。

3.1 列舉資源

問題

列出特定種類的 Kubernetes 資源。

解法

使用 kubectl 的動詞指令 **get**、搭配要觀察的資源類型。若要列出所有的 pods:

```
$ kubectl get pods
```

若要列出所有的服務和部署:

```
$ kubectl get services,deployments
```

若要列出特定的部署：

```
$ kubectl get deployment myfirstk8sapp
```

若要列出所有的資源：

```
$ kubectl get all
```

注意 kubectl get 雖然只是基本指令，但卻極為有用，可以迅速瀏覽叢集上的細節，基本上就像是 Unix 的 ps 指令一樣。

 很多資源都有簡稱可以搭配 kubectl 指令使用，以便節省輸入時間和精力。以下是幾個例子：

- configmaps（簡寫為 cm）
- daemonsets（簡寫為 ds）
- deployments（簡寫為 deploy）
- endpoints（簡寫為 ep）
- events（簡寫為 ev）
- horizontalpodautoscalers（簡寫為 hpa）
- ingresses（簡寫為 ing）
- namespaces（簡寫為 ns）
- nodes（簡寫為 no）
- persistentvolumeclaims（簡寫為 pvc）
- persistentvolumes（簡寫為 pv）
- pods（簡寫為 po）
- replicasets（簡寫為 rs）
- replicationcontrollers（簡寫為 rc）
- resourcequotas（簡寫為 quota）
- serviceaccounts（簡寫為 sa）
- services（簡寫為 svc）

3.2 刪除資源

問題

你不再需要某些資源,並想將其刪除。

解法

使用 kubectl 的動詞指令 delete、搭配要刪除的資源類型和名稱。

若要刪除命名空間(namespace)my-app 底下的全部資源,就這樣做:

```
$ kubectl get ns
NAME            STATUS      AGE
default         Active      2d
kube-public     Active      2d
kube-system     Active      2d
my-app          Active      20m

$ kubectl delete ns my-app
namespace "my-app" deleted
```

如果想知道命名空間是從何而來的,請參閱招式 6.3。

你也可以刪除特定的資源、並影響其銷毀過程。要刪除標示為 app=niceone 的服務和部署,就這樣做:

```
$ kubectl delete svc,deploy -l app=niceone
```

要強制刪除某個 pod,則這樣做:

```
$ kubectl delete pod hangingpod --grace-period=0 --force
```

要刪除命名空間 test 之下所有的 pod,就這樣做:

```
$ kubectl delete pods --all --namespace test
```

探討

不要直接刪除受監管的物件，像是由某個部署直接管理的 pod 之類。相反地，請直接清除監管者，或是使用專屬的操作方式來清除受管理的資源。舉例來說，如果你把某個部署規模縮減為 0 個抄本（參閱招式 9.1），那麼就等於把該部署所監管的 pod 都刪除了。

另一種應考量的層面，就是逐層或直接刪除。舉例來說，當你按照招式 13.4 所述、刪除一個自訂的資源定義（custom resource definition, CRD）時，所有相依的物件也都會被刪除。要知道如何影響逐層刪除的原則，請參閱 Kubernetes 文件的 Garbage Collection 專文（*https://kubernetes.io/docs/concepts/workloads/controllers/garbage-collection/*）。

3.3 利用 kubectl 觀察資源變化

問題

在終端機畫面中以互動方式觀察 Kubernetes 物件的變化。

解法

kubectl 指令有一個 --watch 參數具備上述功能。若要觀察 pod：

```
$ kubectl get pods --watch
```

注意這是一道封閉、而且會持續更新輸出的命令，有點像是 top。

探討

參數 --watch 很有用，但有時不太靠得住，特別是正確更新畫面內容這部份。又或者你可以改用 watch 命令（*http://man7.org/linux/man-pages/man1/watch.1.html*），就像這樣：

```
$ watch kubectl get pods
```

3.4 用 kubectl 編輯資源

問題

想要自己更新 Kubernetes 資源的屬性。

解法

使用 kubectl 的動詞指令 edit、搭配要更新的資源類型：

```
$ kubectl run nginx --image=nginx
$ kubectl edit deploy/nginx
```

現在你可以在編輯器裡編輯 nginx 的部署內容了。若把抄本數目改成 2 個。一旦存檔，就會看到這樣的訊息：

```
deployment "nginx" edited
```

探討

如果你編輯時遇到問題，請使用 EDITOR=vi。此外也請注意，不是所有的變更都會觸發部署。

有些觸發器是有捷徑的。例如，若要更改某個部署所使用的映像檔版本，只需使用 kubectl set image，就可以更新現有資源容器的映像檔（這對於部署、抄本集合 / 抄本控制器、服務集合和簡單的 pod 都一樣有效）。

3.5 要求 kubectl 說明資源和欄位內容

問題

想要深入地了解特定資源的內容（就說是 service 好了），並搞清楚在 Kubernetes manifest 裡特定欄位的含意，包括其預設值、還有它是否為必備或選配。

解法

在 kubectl 指令後頭加上 explain 參數即可。

```
$ kubectl explain svc
DESCRIPTION:
Service is a named abstraction of software service (for example, mysql)
consisting of local port (for example 3306) that the proxy listens on, and the
selector that determines which pods will answer requests sent through the proxy.

FIELDS:
  status        <Object>
    Most recently observed status of the service. Populated by the system.
    Read-only. More info: https://git.k8s.io/community/contributors/devel/
    api-conventions.md#spec-and-status/

  apiVersion    <string>
    APIVersion defines the versioned schema of this representation of an
    object. Servers should convert recognized schemas to the latest internal
    value, and may reject unrecognized values. More info:
    https://git.k8s.io/community/contributors/devel/api-conventions.md#resources

  kind <string>
    Kind is a string value representing the REST resource this object
    represents. Servers may infer this from the endpoint the client submits
    requests to. Cannot be updated. In CamelCase. More info:
    https://git.k8s.io/community/contributors/devel/api-conventions
    .md#types-kinds

  metadata      <Object>
    Standard object's metadata. More info:
    https://git.k8s.io/community/contributors/devel/api-conventions.md#metadata
```

```
  spec <Object>
    Spec defines the behavior of a service. https://git.k8s.io/community/
    contributors/devel/api-conventions.md#spec-and-status/

$ kubectl explain svc.spec.externalIPs
FIELD: externalIPs <[]string>

DESCRIPTION:
    externalIPs is a list of IP addresses for which nodes in the cluster will
    also accept traffic for this service.  These IPs are not managed by
    Kubernetes.  The user is responsible for ensuring that traffic arrives at a
    node with this IP.  A common example is external load-balancers that are not
    part of the Kubernetes system.
```

探討

kubectl explain 命令 [1] 會從 Swagger/OpenAPI 定義中取出 API 伺服器所提供的資源相關描述及欄位 [2]。

參閱

- Ross Kukulinski 的部落格貼文「kubectl explain—#HeptioProTip」
  （*https://blog.heptio.com/kubectl-explain-heptioprotip-ee883992a243*）

1　參閱 Kubernetes 官網「Kubectl Reference Docs: Explain」一文（*https://kubernetes.io/docs/reference/generated/kubectl/kubectl-commands#Explain*）。

2　參閱 Kubernetes 官網「The Kubernetes API」一文（*https://kubernetes.io/docs/concepts/overview/kubernetes-api/*）。

## 第四章

建立與修改基本工作負載

本章會教各位如何管理基礎的 Kubernetes 工作負載類型,即 pod 和部署(deployment)。我們要介紹如何透過指令列介面及 YAML 項目清單,建立部署和 pod,並說明如何調整(scale)和更新部署規模。

4.1 使用 kubectl run 建立部署

問題

要儘速發起一個持續運行的應用程式,如網頁伺服器。

解法

利用 kubectl run 指令,這個產生器可以在執行過程中建立部署項目。例如,要建立一個會運行迷你部落格平台 Ghost 的部署,就這樣做:

```
$ kubectl run ghost --image=ghost:0.9

$ kubectl get deploy/ghost
NAME      DESIRED   CURRENT   UP-TO-DATE   AVAILABLE   AGE
ghost     1         1         1            0           16s
```

探討

kubectl run 指令可以接受幾個引數，以便設定部署過程中的其他參數。參數範例包括：

- 要設置環境變數，使用 --env
- 要定義容器的通訊埠，使用 --port
- 要定義需要執行的命令，使用 --command
- 要自動建立相關的服務，使用 --expose
- 要定義需要的 pod 數量，使用 --replicas

典型使用方式如下。假設你要發起一個會傾聽 2368 號通訊埠的 Ghost、同時以它建立服務，就輸入：

```
$ kubectl run ghost --image=ghost:0.9 --port=2368 --expose
```

若要建立 MySQL、同時設定 root 密碼，就輸入：

```
$ kubectl run mysql --image=mysql:5.5 --env=MYSQL_ROOT_PASSWORD=root
```

若要啟動一個 busybox 容器、並在容器啟動時執行 sleep 3600 命令，就輸入：

```
$ kubectl run myshell --image=busybox --command -- sh -c "sleep 3600"
```

有關其他引數的詳情，還可參閱 kubectl run --help。

4.2　從檔案項目清單建立物件

問題

你不想靠 kubectl run 這樣的產生器來建立物件，而是明確地描述其屬性、進而建立它。

解答

使用 kubectl create，像這樣：

```
$ kubectl create -f <manifest>
```

在招式 6.3 裡你會學到如何用 YAML 項目清單建立命名空間。這是最簡單的範例之一，因為項目清單非常簡短。可以用 YAML 或 JSON 來撰寫，例如，有一個檔名是 *myns. yaml* 的 YAML 項目清單：

```
apiVersion:    v1
kind:          namespace
metadata:
  name:        myns
```

因此只需執行 kubectl create -f myns.yaml 就可以建立物件。

探討

你也可以把 kubectl create 改指向一個 URL 網址代表的項目清單、或是本機檔案系統上的一個檔案名稱。例如，要建立示範 Guestbook 應用程式的前端，只需取得含有單一應用程式定義項目的原始 YAML 檔的 URL 路徑，再輸入：

```
$ kubectl create -f https://github.com/kubernetes/examples/\
                 blob/master/guestbook/frontend-deployment.yaml
```

4.3 從頭撰寫一個 Pod 項目清單

問題

從頭寫出一個 pod 項目清單,但不靠 kubectl run 產生器來做。

解法

一個 Pod 就是一個 /api/v1 物件,就像任何其他的 Kubernetes 物件一樣,它的項目清單檔案(manifest file)包含以下欄位:

* apiVersion 指定 API 版本

* kind 代表物件的類型

* metadata 含有關於該物件的若干中繼資料

* spec 提供的是物件規格

Pod 項目清單包含一連串的容器定義和一個選配的若干卷冊(參閱第 8 章)。但這裡的簡易格式中,只含有一個容器、而且沒有卷冊,就像這樣:

```
apiVersion:    v1
kind:          Pod
metadata:
  name:        oreilly
spec:
  containers:
  - name:      oreilly
    image:     nginx
```

把這段 YAML 項目清單存檔、命名為 *oreilly.yaml*,再使用 kubectl 來建立物件:

```
$ kubectl create -f oreilly.yaml
```

探討

一個 pod 的 API 規格當然會比以上解答示範的要豐富得多,因為以上只不過是一個功能最基本的 pod 而已。例如,一個 pod 可能含有數個容器,就像這樣:

```
apiVersion: v1
kind:      Pod
metadata:
  name:     oreilly
spec:
  containers:
  - name:   oreilly
    image:  nginx
  - name:   safari
    image:  redis
```

一個 pod 也可以包含卷冊的定義,以便替容器載入資料(參閱招式 8.1),另外也可以包含探針(probes)的定義,用來檢測容器化應用程式的健康狀態(參閱招式 11.2 和 11.3)。

關於多項規格欄位背後的思維描述、以及完整 API 物件規格的連結,都詳列於文件當中(*https://kubernetes.io/docs/concepts/workloads/pods/pod/*)。

 除非有特殊的理由,不然不要建立單獨的 pod。請改用 Deployment 物件(參閱招式 4.4)來監管 pod,它會透過另一種物件來監視 pod,那個物件就叫做抄本集合(ReplicaSet)。

參閱

- Kubernetes Pods 參考文件
  (*https://kubernetes.io/docs/api-reference/v1.7/#pod-v1-core*)

- ReplicaSet 的文件
  (*https://kubernetes.io/docs/concepts/workloads/controllers/replicaset/*)

4.4　利用項目清單發動部署

問題

完全掌控某個（持續執行的）應用程式的發起和監督方式。

解答

利用 Deployment 物件來撰寫一個項目清單。基本做法請參閱招式 4.3。

假設你有一個名稱為 *fancyapp.yaml* 的項目清單檔案，內容如下：

```
apiVersion:        extensions/v1beta1
kind:              Deployment
metadata:
  name:            fancyapp
spec:
  replicas:        5
  template:
    metadata:
      labels:
        app:       fancy
        env:       development
    spec:
      containers:
      - name:      sise
        image:     mhausenblas/simpleservice:0.5.0
        ports:
        - containerPort: 9876
        env:
        - name:    SIMPLE_SERVICE_VERSION
          value:   "0.9"
```

如各位所見，裡面正好有幾件事，是你在發動一個應用程式時會想要明確定義的：

* 指定應該啟動和受監督的 pod 數量（replicas，抄本）、也就是相同的副本數目。

* 加以標示，如 env=development（請另外參閱招式 6.5 和 6.6）。

* 指定環境變數，如 SIMPLE_SERVICE_VERSION。

現在來看看部署後的情形：

```
$ kubectl create -f fancyapp.yaml
deployment "fancyapp" created

$ kubectl get deploy
NAME        DESIRED    CURRENT    UP-TO-DATE    AVAILABLE    AGE
fancyapp    5          5          5             0            8s

$ kubectl get rs
NAME                   DESIRED    CURRENT    READY    AGE
fancyapp-1223770997    5          5          0        13s

$ kubectl get po
NAME                          READY    STATUS              RESTARTS    AGE
fancyapp-1223770997-18msl     0/1      ContainerCreating   0           15s
fancyapp-1223770997-1zdg4     0/1      ContainerCreating   0           15s
fancyapp-1223770997-6rqn2     0/1      ContainerCreating   0           15s
fancyapp-1223770997-7bnbh     0/1      ContainerCreating   0           15s
fancyapp-1223770997-qxg4v     0/1      ContainerCreating   0           15s
```

如果過個幾秒鐘再做同樣的動作：

```
$ kubectl get po
NAME                          READY    STATUS     RESTARTS    AGE
fancyapp-1223770997-18msl     1/1      Running    0           1m
fancyapp-1223770997-1zdg4     1/1      Running    0           1m
fancyapp-1223770997-6rqn2     1/1      Running    0           1m
fancyapp 1223770997-7bnbh     1/1      Running    0           1m
fancyapp-1223770997-qxg4v     1/1      Running    0           1m
```

 當你要清除某個部署、以及它所監督的抄本集合和 pod，請執行像是 kubectl delete deploy/fancyapp 這樣的命令。切勿嘗試直接刪除個別的 pod，因為部署還會把它們還原回來。這是初學者常犯的錯誤。

你可以透過部署任意調整應用程式規模（參閱招式 9.1），也可以藉此推出新版本、甚至退回到先前的舊版本。通常這種方式僅適用於無狀態（stateless）、需要所有 pod 都具備同等特性的應用程式。

探討

一份部署負責監管若干個 pod 和抄本集合（replica set，簡稱 RS），透過部署，你可以
鉅細靡遺地掌控新版 pod 的推出方式和時間、或者是還原至先前的狀態。通常你不會在
意一份部署監督哪些 RS 和 pod，除非需要替某個 pod 除錯（參閱招式 12.5）。圖 4-1 便
說明了如何在不同部署間來回調整。

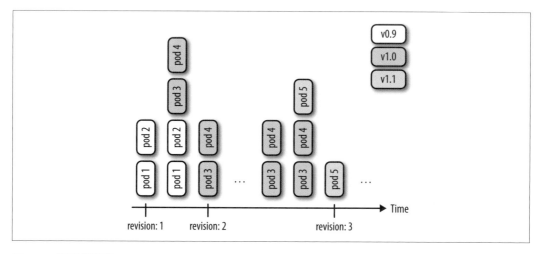

圖 4-1　部署的調整

注意 RS 還是會持續發展，並取代原有的抄本控制器（replication controller，RC），因
此你最好以 RS 為考量重點、而非 RC。在這個節骨眼，唯一的差別只在於 RS 可以支援
以集合為基礎的標示 / 查詢，但我們可以確信的是，隨著 RS 功能的逐漸增加，RC 則終
將淘汰。

最後，為了產生一個項目清單，你可以使用 kubectl create 指令和 --dry-run 選項。這樣
可以產生出 YAML 或 JSON 格式的項目清單，然後儲存起來以待後用。舉例來說，若要
用 Docker 映像檔 nginx 建立一個部署用的項目清單，檔名為 fancy-app，就這般下令：

```
$ kubectl create deployment fancyapp --image nginx -o json --dry-run
{
    "kind": "Deployment",
    "apiVersion": "extensions/v1beta1",
    "metadata": {
        "name": "fancy-app",
        "creationTimestamp": null,
```

```
        "labels": {
            "app": "fancy-app"
        }
    },
...
```

參閱

* Kubernetes 部署文件
  （*https://kubernetes.io/docs/concepts/workloads/controllers/deployment/*）

4.5 更新一份部署

問題

你已有一份部署，但想要在其中推出新版應用程式。

解法

更新你的部署，讓預設的更新策略 RollingUpdate 自動地處理推出的動作。

舉例來說，假設你建立了一個新的容器映像檔，想要用它來替換原本部署的內容：

```
$ kubectl run sise --image=mhausenblas/simpleservice:0.4.0
deployment "sise" created

$ kubectl set image deployment sise mhausenblas/simpleservice:0.5.0
deployment "sise" image updated

$ kubectl rollout status deployment sise
deployment "sise" successfully rolled out

$ kubectl rollout history deployment sise
deployments "sise"
REVISION        CHANGE-CAUSE
1               <none>
2               <none>
```

現在，已經成功地替部署內容推出了新版，唯一變動的部份就只有容器映像檔本身，部署中所有其他的屬性，像是抄本數目等都不會受影響。但若是你想調整的是環境變數之類的其他部署內容時又如何？你可以藉由數種 kubectl 命令來更新部署內容。例如，要替既有的部署加上一個通訊埠定義，kubectl edi 就可以做到：

```
$ kubectl edit deploy sise
```

這道命令會以你的預設編輯器開啟現有的部署，或是按照環境變數 KUBE_EDITOR 所指定的編輯器來開啟（如果有指定的話）。

假設你要加入以下的通訊埠定義：

```
...
  ports:
  - containerPort: 9876
...
```

編輯過程的結果（本例中 KUBE_EDITOR 設為 vi）如圖 4-2 所示。

一旦你儲存了檔案並離開編輯器，Kubernetes 就會展開一輪新部署，但這次加上了你定義的通訊埠。我們來驗證一下：

```
$ kubectl rollout history deployment sise
deployments "sise"
REVISION        CHANGE-CAUSE
1               <none>
2               <none>
3               <none>
```

```
 1 # Please edit the object below. Lines beginning with a '#' will be ignored,
 2 # and an empty file will abort the edit. If an error occurs while saving this file will be
 3 # reopened with the relevant failures.
 4 #
 5 apiVersion: extensions/v1beta1
 6 kind: Deployment
 7 metadata:
 8   annotations:
 9     deployment.kubernetes.io/revision: "2"
10   creationTimestamp: 2017-10-18T09:32:01Z
11   generation: 2
12   labels:
13     run: sise
14   name: sise
15   namespace: default
16   resourceVersion: "762856"
17   selfLink: /apis/extensions/v1beta1/namespaces/default/deployments/sise
18   uid: 322b6e48-b3e7-11e7-ad6d-080027390640
19 spec:
20   replicas: 1
21   selector:
22     matchLabels:
23       run: sise
24   strategy:
25     rollingUpdate:
26       maxSurge: 1
27       maxUnavailable: 1
28     type: RollingUpdate
29   template:
30     metadata:
31       creationTimestamp: null
32       labels:
33         run: sise
34     spec:
35       containers:
36       - image: mhausenblas/simpleservice:0.5.0
37         imagePullPolicy: IfNotPresent
38         name: sise
39         ports:
40         - containerPort: 9876
41         resources: {}
42         terminationMessagePath: /dev/termination-log
43         terminationMessagePolicy: File
44       dnsPolicy: ClusterFirst
45       restartPolicy: Always
46       schedulerName: default-scheduler
47       securityContext: {}
48       terminationGracePeriodSeconds: 30
49 status:
50   availableReplicas: 1
-- INSERT --
```

圖 4-2　編輯一份部署

我們確實看到了又推出了第 3 次調整，其內容正是先前用 kubectl edit 所做的變更。這裡的 CHANGE-CAUSE 欄位之所以空無一物，是因為你使用 kubectl create 沒有加上 --record 選項的緣故。如果希望看到是什麼引發了調整，請把這個選項加上去。

如前所述，kubectl 指令還有選項可以用來更新部署：

- kubectl apply 可以從一個項目清單檔案更新某一部署（或是在部署尚未存在時建立它，如 kubectl apply -f simpleservice.yaml）。

- kubectl replace 則可以從一個項目清單檔案取代某一部署（如 kubectl replace -f simpleservice.yaml）。注意，replace 跟 apply 的差異在於前者只能用在已存在的部署上。

- kubectl patch 可以用來更新特定鍵值：

  ```
  kubectl patch deployment sise -p '{"spec": {"template":
  {"spec": {"containers":
  [{"name": "sise", "image": "mhausenblas/simpleservice:0.5.0"}]}}}}'
  ```

如果你一時手誤、或是新版部署出了問題，該怎麼辦？還好 Kubernetes 可以輕易地倒退到已知的穩定狀態，只要執行 kubectl rollout undo 指令即可。舉例來說，先前編輯時打錯了內容，想退回到第 2 次調整後的內容。就可以這樣做：

```
$ kubectl rollout undo deployment sise --to-revision=2
```

然後你可以執行 kubectl get deploy/sise -o yaml 驗證一下，看是否通訊埠定義已經被移除。

> 只有當 pod 範本的部份內容變更時，才會觸發推出一輪新部署（亦即位在 .spec.template 以下的鍵值），像是環境變數、通訊埠、容器映像檔等等。如果只是變更與部署方式有關的部份，如抄本數目，就不會觸發新一輪的部署。

## 第五章

服務的處理

本章要探討的是叢集裡的 pod 如何溝通、應用程式又是如何尋找彼此的存在,還有如何將 pod 對外公開、以便讓人從叢集外部取用它們。

此處我們所仰賴的原理稱為一個 Kubernetes 的服務(service, *https://kubernetes.io/docs/concepts/services-networking/service/*),如圖 5-1 所示。

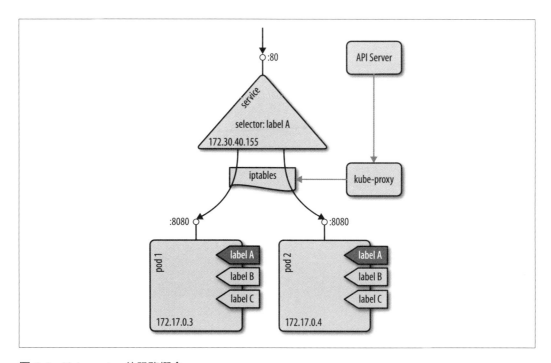

圖 5-1　Kubernetes 的服務概念

服務本身具備一個穩定的虛擬 IP（virtual IP, VIP）位址（*https://blog.openshift.com/ kubernetes-services-by-example/*），給一組 pod 共用。雖然 pod 也許來來去去，但服務卻讓使用者有一個可靠的目標，可以透過這個虛擬 IP 尋找和連接 pod 裡運行的容器。VIP 裡的「虛擬」一詞，係指它並非連接到網路介面的真正 IP 位址；其用途只是純粹用來把流量轉給各個 pod。至於如何隨時讓 VIP 和所有 pod 之間的對應保持更新，則是 kube-proxy 的責任，kube-proxy 是一個程序，叢集中的每一個節點都會執行它，這個 kube-proxy 程序靠著查詢 API 伺服器來得知叢集中的新服務，同時藉此更新節點本身的 iptables 規則（iptables），以便提供必要的路由資訊。

5.1　建立一項服務，以便公開你的應用程式

問題

想要提供一個穩定可靠的方式，以便在叢集中尋找和取用你的應用程式。

解法

替組成應用程式的 pod 建立一個 Kubernetes 服務。

假設你已用 kubectl run nginx --image nginx 建立了一個 nginx 的部署，就可以透過 kubectl expose 指令自動地建立一個 Service 物件，像這樣：

```
$ kubectl expose deploy/nginx --port 80
service "nginx" exposed

$ kubectl describe svc/nginx
Name:                nginx
Namespace:           default
Labels:              run=nginx
Annotations:         <none>
Selector:            run=nginx
Type:                ClusterIP
IP:                  10.0.0.143
Port:                <unset> 80/TCP
Endpoints:           172.17.0.5:80,172.17.0.7:80
Session Affinity:    None
Events:              <none>
```

然後當你列舉所有服務時，就會看到這個物件：

```
$ kubectl get svc | grep nginx
NAME        TYPE        CLUSTER-IP      EXTERNAL-IP   PORT(S)   AGE
nginx       ClusterIP   10.109.24.56    <none>        80/TCP    2s
```

探討

如果要透過瀏覽器取用這項服務，就需在另一個終端機裡執行一個代理程式（proxy），就像這樣：

```
$ kubectl proxy
Starting to serve on 127.0.0.1:8001
```

然後就像這般開啟你的瀏覽器：

```
$ open[譯註] http://localhost:8001/api/v1/namespaces/default/services/nginx/proxy/
```

如果你要為同一個 nginx 部署手動撰寫一個 Service 物件，就要寫出如下的 YAML 檔案：

```
apiVersion:    v1
kind:          Service
metadata:
  name:        nginx
spec:
  selector:
    run:       nginx
  ports:
  - port:      80
```

在以上的 YAML 檔案裡，有一件事要特別注意，就是所謂的**選擇器**（*selector*），這是用來選擇所有構成微服務抽象化的 pod 用的。Kubernetes 利用 Service 物件，在所有節點上動態地設定 iptables，以便將網路流量送交給構成微服務的容器。選擇方式係以標籤查詢為之（label query，參閱招式 6.6），結果則是產生一個端點清單。

[譯註] 如果你的 Ubuntu 16.04 執行 open 時看到錯誤訊息：
Couldn't get a file descriptor referring to the console
可以安裝 xdg-open 或 curl，都可以順利開啟瀏覽器頁面。

若你的服務似乎無法正常運作，請檢查選擇器裡使用的標籤、同時也透過 `kubectl get endpoints` 驗證一下，是否有一組端點公開出來。要是沒有的話，就表示你的選擇器很可能找不到符合標籤名稱的 pod 們。[譯註]

 像是部署或抄本集合這類的 Pod 監督者，其運作是與服務相對的。不論是監督者還是服務，都是靠標籤來尋找它們轄下的 pod，但它們的工作不同：監督者會監控 pod 的健康狀態、必要時加以重啟，但服務卻是要讓外界能夠妥當地取用 pod。

參閱

- Kubernetes 官網關於服務的文件
  （*https://kubernetes.io/docs/concepts/services-networking/service*）

- Kubernetes 官網教材「利用服務來公開你的應用程式」
  （"Using a Service to Expose Your App"，*https://kubernetes.io/docs/tutorials/kubernetes-basics/expose-intro/*）

5.2　驗證某項服務的 DNS 項目

問題

你建立了一項服務（參閱招式 5.1），而且想要驗證你的 DNS 註冊是有效的。

解法

根據預設，Kubernetes 會採用 ClusterIP 做為服務類型，這樣會把服務當成叢集內部的 IP 來公開。如果 DNS 叢集附加功能（cluster add-on）存在且正常運作，你就可以透過合格域名（fully qualified domain name, FQDN）取用服務，格式就像 `$SERVICENAME.$NAMESPACE.svc.cluster.local` 這樣。

[譯註] 譯者就遇上了這情形。注意你必須按照從招式 2.2 的 join 開始一路照做；如果只有一個 master node，這裡的 kubectl get endpoints 就會看不到 nginx 的 endpoint，因為預設 master node 上不會運行一般工作負載的 pod。

如果要讓 master 節點也能跑一般的 pod，要執行 sudo kubectl taint nodes --all node-role.kubernetes.io/master- 才可解禁。

要驗證是否如預期般運作，請在叢集的某一容器中開啟一個互動式 shell。要做到這一點，最簡單的方式就是使用 kubectl run 和 busybox 映像檔，就像這樣：

```
$ kubectl run busybox --image busybox:1.28 -it -- /bin/sh
If you don't see a command prompt, try pressing enter.譯註

/ # nslookup nginx
Server:    10.96.0.10
Address 1: 10.96.0.10 kube-dns.kube-system.svc.cluster.local

Name:      nginx
Address 1: 10.109.24.56 nginx.default.svc.cluster.local
```

回傳的服務 IP 位址，應該會對應到服務所在叢集的 IP。

5.3　變更服務類型

問題

有一個既存的服務，其類型為 ClusterIP，如招式 5.2 所述，想要變更其類型，以便將應用程式改以 NodePort 類型公開，或是以 LoadBalancer 服務類型透過雲端供應商的負載平衡器（load balancer）公開。

解答

利用 kubectl edit 指令和你慣用的編輯器來修改服務類型。假設你的項目清單檔名叫做 *simple-nginx-svc.yaml*，其內容如下：

```
kind:        Service
apiVersion: v1
metadata:
  name:      webserver
spec:
  ports:
  - port:    80
    selector:
      app:    nginx
```

譯註　由於 busybox 最新版有 DNS 的問題，經與兩位作者討論，要改用 1.28 版的 busybox 才能如範例般運作。

現在建立一個 webserver 服務，並查詢它：

```
$ kubectl create -f simple-nginx-svc.yaml

$ kubectl get svc/webserver
NAME          CLUSTER-IP    EXTERNAL-IP    PORT(S)    AGE
webserver     10.0.0.39     <none>         80/TCP     56s
```

接著把服務類型改成 NodePort 如下：

```
$ kubectl edit svc/webserver
```

以上指令會從 API 伺服器上下載現有的服務規格、並以預設的編輯器開啟，結果就如同圖 5-2 所示（這裡已設定 EDITOR=vi）。

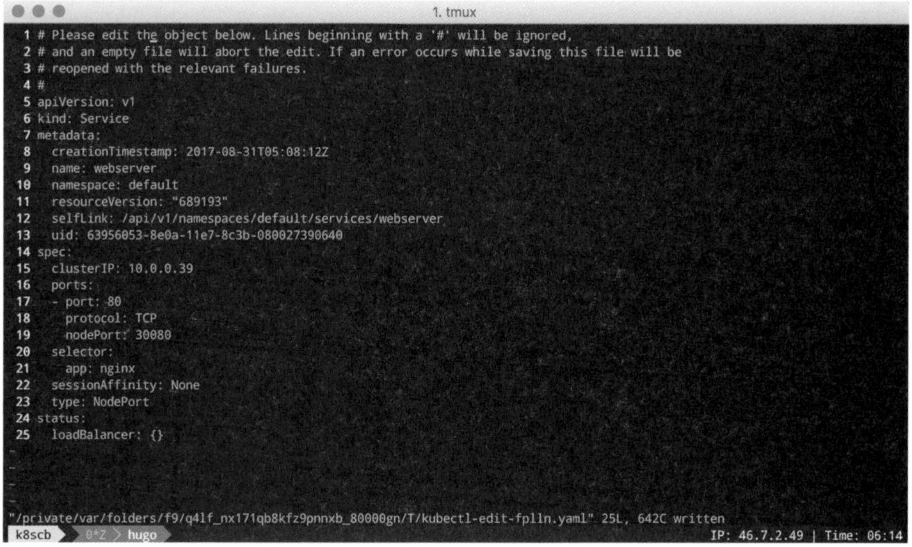

圖 5-2　用 kubectl edit 編輯服務的畫面

等你把編輯完的結果存檔（這時 type 已改成 NodePort、而 containerPort 也改成 node Port 了），就可以驗證更新過的服務內容如下：

```
$ kubectl get svc/webserver
NAME        CLUSTER-IP   EXTERNAL-IP   PORT(S)       AGE
webserver   10.0.0.39    <nodes>       80:30080/TCP  7m

$ kubectl get svc/webserver -o yaml
apiVersion: v1
kind: Service
metadata:
  creationTimestamp: 2017-08-31T05:08:12Z
  name: webserver
  namespace: default
  resourceVersion: "689727"
  selfLink: /api/v1/namespaces/default/services/webserver
  uid: 63956053-8e0a-11e7-8c3b-080027390640
spec:
  clusterIP: 10.0.0.39
  externalTrafficPolicy: Cluster
  ports:
  - nodePort: 30080
    port: 80
    protocol: TCP
    targetPort: 80
  selector:
    app: nginx
  sessionAffinity: None
  type: NodePort
status:
  loadBalancer: {}
```

注意你可以自行將服務改成任何適合你需求的類型；但是請留心像是 LoadBalancer 這種特定類型的後果，因為它可能觸發公有雲基礎設施元件的配置動作（provisioning），如果一時不察、或是沒有好好監控，代價就會十分可觀。

5.4 在 Minikube 上部署一個入口控制器

問題

想要在 Minikube 上部署一個入口控制器（ingress controller），好藉此研究 Ingress 物件。而你之所以對 Ingress 物件感興趣，是因為你想要讓 Kubernetes 叢集外部的人事物可以取用 Kubernetes 上運行的應用程式；但你不願建立一個 NodePort- 或是 LoadBalancer- 類型的服務。

解法

要讓 Ingress 物件（招式 5.5 會介紹它）生效、並提供從叢集外部到 pod 的路徑，必須部署一個入口控制器。

請先在 Minikube 上啟用入口附加功能：

```
$ minikube addons enable ingress
```

完成後，應該就可以從 Minikube 附加功能清單中看到入口附加功能已經啟用。檢查方式如下：

```
$ minikube addons list | grep ingress
- ingress: enabled
```

要不了一分鐘，你的 kube-system 命名空間裡便會多出兩個新的 pod：

```
$ kubectl get pods -n kube-system
NAME                              READY   STATUS    RESTARTS   AGE
default-http-backend-6tv69        1/1     Running   1          1d
...
nginx-ingress-controller-95dqr    1/1     Running   1          1d
...
```

現在你可以動手建立 Ingress 物件了。

參閱

- Ingress 官方文件（*https://kubernetes.io/docs/concepts/services-networking/ingress/*）

- 採用 Nginx 的入口控制器
  （*https://github.com/kubernetes/ingress-nginx/blob/master/README.md*）

5.5　允許從叢集之外取用服務

問題

從叢集之外存取 Kubernetes 裡的服務。

解法

建立 Ingress 物件，就可以使用入口控制器（參閱招式 5.4）。以下的指令便是某個 Ingress 規範的項目清單，它決定了通往一個 nginx 服務的途徑：

```
$ cat nginx-ingress.yaml
kind:                              Ingress
apiVersion:                        extensions/v1beta1
metadata:
  name:                            nginx-public
  annotations:
    nginx.ingress.kubernetes.io/rewrite-target: /
spec:
  rules:
  - host:
    http:
      paths:
      - path:                      /web
        backend:
          serviceName:             nginx
          servicePort:             80

$ kubectl create -f nginx-ingress.yaml
```

現在你可以在自己的 Kubernetes 儀表板裡看到，已替 nginx 建立了 Ingress 物件。（圖 5-3）。

圖 5-3　nginx ingress 物件畫面

從 Kubernetes 的儀表板裡，各位可以看到，從 IP 位址 192.168.99.100 就可以取得 nginx 服務，而項目清單檔案中則藉由定義 /web 路徑、由此將服務對外公開。根據這項資訊，你就能從叢集外部取用 nginx：

```
$ curl -k https://192.168.99.100/web
<!DOCTYPE html>
<html>
<head>
<title>Welcome to nginx!</title>
<style>
    body {
        width: 35em;
        margin: 0 auto;
        font-family: Tahoma, Verdana, Arial, sans-serif;
    }
</style>
</head>
<body>
<h1>Welcome to nginx!</h1>
<p>If you see this page, the nginx web server is successfully installed and
```

```
working. Further configuration is required.</p>

<p>For online documentation and support please refer to
<a href="http://nginx.org/">nginx.org</a>.<br/>
Commercial support is available at
<a href="http://nginx.com/">nginx.com</a>.</p>

<p><em>Thank you for using nginx.</em></p>
</body>
</html>
```

探討

一般來說，入口的作用方式如圖 5-4 所示：入口控制器會傾聽 API 伺服器的 /ingresses
端點，並得知新規範的存在。然後據此設定路徑，讓外部流量找到特定的（叢集之內
的）服務（即本例中位於 9876 通訊埠的 service1）。

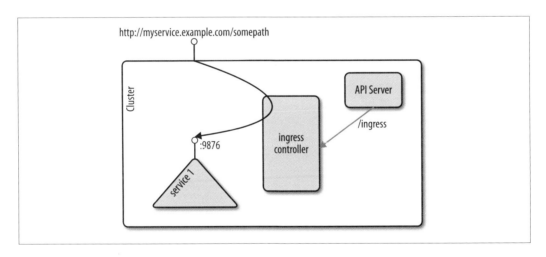

圖 5-4　入口的概念

 這個招式使用了 Minishift，它是一種現成的入口控制器附加功能。通常你
需要自行設置入口控制器；相關指示的範例請參閱 GitHub（*https://github.
com/kubernetes/ingress-nginx*）。

參閱

- GitHub 上的 kubernetes/ingress-nginx 倉庫（*https://github.com/kubernetes/ingress*）

- Milos Gajdos 的部落格文章「透視 Kubernetes 服務與 Ingress」
  （"Kubernetes Services and Ingress Under X-ray"，*http://containerops.org/2017/01/30/kubernetes-services-and-ingress-under-x-ray/*)

- Daemonza 的部落格文章「Kubernetes 的 nginx-ingress-controller」
  （"Kubernetes nginx-ingress-controller"，*https://daemonza.github.io/2017/02/13/kubernetes-nginx-ingress-controller/*）

## 第六章

探索 Kubernetes API 及關鍵的中繼資料

本章要介紹一些與 Kubernetes 物件的基本互動,包括 API 在內。Kubernetes 的每一個物件,不論是像部署這樣有命名空間的物件、抑或是像節點一樣遍佈叢集當中的物件,都有特定的欄位(如 metadata、spec 和 status 狀態等等[1])。spec 描述了物件應有的狀態(即規格),而 status 則捕捉到由 Kubernetes API 伺服器所管理物件的真正狀態。

6.1 找出 Kubernetes API 伺服器的 API 端點

問題

找出 Kubernetes API 伺服器裡既有的不同 API 端點。

解法

如果你可以透過未經驗證的私用通訊埠取用 API 伺服器,就可以直接對 API 伺服器發出 HTTP 請求,藉此探索不同的端點。舉例來說,在 Minikube 理,你可以先在虛擬機器裡使用 ssh(minikube ssh),然後接觸到位在 8080 號通訊埠的 API 伺服器:

---

1   參閱 Kubernetes 官網「了解 Kubernetes 的物件」("Understanding Kubernetes Objects",*https://kubernetes.io/docs/concepts/overview/working-with-objects/kubernetes-objects/*)。

```
$ curl localhost:8080/api/v1譯註
...
{
     "name": "pods",
     "namespaced": true,
     "kind": "Pod",
     "verbs": [
       "create",
       "delete",
       "deletecollection",
       "get",
       "list",
       "patch",
       "proxy",
       "update",
       "watch"
     ],
     "shortNames": [
       "po"
     ]
   },
...
```

在這份清單裡，你可以看到 Pod 種類物件的範例、以及該物件允許的操作方式，如 get
與 delete 等等。

此外，如果你無法直接接觸到 Kubernetes API 伺服器所在的機器，也可
以使用 kubectl 來代理連線至本機的 API。這樣就可以接觸到本機的 API
伺服器，但卻是取道經過認證的會談：

```
$ kubectl proxy --port=8001 --api-prefix=/
```

然後在另一個視窗裡這樣作：

```
$ curl localhost:8001/foobar
```

使用 API 路徑 /foobar，就可以列出所有的 API 端點。注意 --port 和 --
api-prefix 這兩個選項皆非必要。

譯註 若在 Windows 的 minikube 上執行，可能會遇上 connection refused 錯誤。
照以上「如果你可以透過未經驗證的私用通訊埠取 API 伺服器」這一句，問題應該就在 kubernetes API
無法透過 8080 埠以 http 取用，只能用下面附註的 proxy 方式繞路而行。

探討

當你尋找 API 端點時，會發現其中各有不同，像是：

- /api/v1

- /apis/apps

- /apis/authentication.k8s.io

- /apis/authorization.k8s.io

- /apis/autoscaling

- /apis/batch

每個端點都跟某一群 API 有關。在一個 API 群組裡，API 物件是有版本區分的（例如 v1beta1、v1beta2 之類），以便指出物件的穩定度。如 Pod、服務、config map 和密語（secret），都算是 /api/v1 這群 API 的一員，而部署則是屬於 /apis/extensions/v1beta1 這群 API 的一員。

物件所屬的群組，在物件規格裡係以 apiVersion 的形式註記，以供 API 參照（API reference，*https://kubernetes.io/docs/api-reference/v1.7/*）。

參閱

- Kubernetes API 一覽（*https://kubernetes.io/docs/reference/using-api/api-overview/*）
- Kubernetes API 慣例
  （*https://github.com/kubernetes/community/blob/master/contributors/devel/api-conventions.md*）

6.2 理解 Kubernetes 項目清單的結構

問題

雖說 Kubernetes 有很方便的產生器,如 kubectl run 和 kubectl create 等等,你仍應學習如何撰寫 Kubernetes 的項目清單,藉此表達出 Kubernetes 物件的規格。要做到這一點,就必須先搞懂項目清單的結構。

解法

在招式 6.1 裡,你已得知各種 API 群組的存在,以及如何找出某個物件所屬的 API 群組。

所有的 API 資源不是物件便是清單。所有的資源都有 kind 和 apiVersion 等屬性。此外,每個物件的 kind 都一定會有 metadata。metadata 中含有物件名稱、物件所在的命名空間(參閱招式 6.3),有的可能還有標籤(label,參閱招式 6.6)和註記(annotation,參閱招式 6.7)。

以 pod 為例,規格裡就會有 kind Pod 和 apiVersion v1 的字樣,而這個以 YAML 撰寫的簡易項目清單,起頭就會像這樣:

```
apiVersion: v1
kind: Pod
metadata:
  name: mypod
...
```

要讓項目清單完整,大部份的物件還需加上 spec,當物件建立後,就會有 status 傳回:

```
apiVersion: v1
kind: Pod
metadata:
  name: mypod
spec:
  ...
status:
  ...
```

參閱

- 了解 Kubernetes 裡的物件
  （*https://kubernetes.io/docs/concepts/overview/working-with-objects/kubernetes-objects/*）

6.3 建立命名空間來避免名稱衝突

問題

想建立兩個同名物件，但不想讓它們彼此衝突。

解法

建立命名空間，再把物件各自歸到不同的命名空間裡。

如果建立物件時未曾明確指定，就會被歸到 default 命名空間之下。請如下述般嘗試建立第二個名為 my-app 的命名空間，並列出既有的命名空間。你會看到 default 命名空間、以及另外兩個啟動時建立的命名空間（kube-system 和 kube-public），最後則是剛剛新建的命名空間 *my-app*：

```
$ kubectl create namespace my-app
namespace "my-app" created

$ kubectl get ns
NAME            STATUS    AGE
default         Active    30s
my-app          Active    1s
kube-public     Active    29s
kube-system     Active    30s
```

 此外，你也可以撰寫一個項目清單來建立命名空間。如果你把以下內容儲存為檔名 *app.yaml* 的項目清單，就能以 kubectl create -f app.yaml 指令建立命名空間：

```
apiVersion: v1
kind: Namespace
metadata:
  name: my-app
```

探討

若是在同一個命名空間裡（例如 default）嘗試建立兩個同名物件，就會導致衝突，而且 Kubernetes API 伺服器會傳回錯誤。然而如果你是在另一個命名空間裡啟動同名物件，API 伺服器就不會有異議：

```
$ kubectl run foobar --image=ghost:0.9
deployment "foobar" created

$ kubectl run foobar --image=nginx:1.13
Error from server (AlreadyExists): deployments.extensions "foobar" already exists

$ kubectl run foobar --image=nginx:1.13 --namespace foobar
deployment "foobar" created
```

這是因為 Kubernetes 裡的很多 API 物件都已用命名空間區分。它們所屬的命名空間，都定義在物件的中繼資料裡。

 命名空間 kube-system 是專門留給管理員使用的，而命名空間 kube-public（*http://bit.ly/kube-public*）則是用來儲存公共物件，以便供給叢集中任何使用者。

6.4 在命名空間裡設定配額

問題

限制命名空間裡可用的資源。例如，可以執行的 pod 總數。

解法

使用 ResourceQuota 物件來指定命名空間中的種種限制：

```
$ cat resource-quota-pods.yaml
apiVersion: v1
kind: ResourceQuota
metadata:
  name: podquota
```

```
spec:
  hard:
    pods: "10"

$ kubectl create namespace my-app

$ kubectl create -f resource-quota-pods.yaml --namespace=my-app

$ kubectl describe resourcequota podquota --namespace=my-app
Name:           podquota
Namespace:      my-app
Resource        Used   Hard
--------        ----   ----
pods            0      10
```

探討

你可以以命名空間為單位，設置數種配額，包括 pod、密語和 config map，但可以限制的內容並不只限於此。

參閱

* 為 API 物件設定配額
  （*https://kubernetes.io/docs/tasks/administer-cluster/quota-api-object/*）

6.5　替物件加上標籤

問題

為物件加上標籤，以便日後尋找。標籤也可用來讓使用者查詢（參閱招式 6.6），或是做為系統自動化的背景環境（context）。

解法

使用 kubectl label 指令。舉例來說，若要為某個名稱為 foobar 的 pod 加上鍵 / 值為 tier=frontend 的標籤，就這樣做：

```
$ kubectl label pods foobar tier=frontend
```

請檢視完整的指令說明（kubectl label --help）。從中可以學到如何移除標籤、覆寫既有標籤、以及如何標記某個命名空間裡的所有資源。

探討

在 Kubernetes 裡，你可以透過標籤，以非階層的彈性方式來編排物件。一個標籤由一對鍵 / 值組成，毋須在 Kubernetes 裡預先定義。換句話說，系統不會去解讀鍵 / 值的內容。你可以用標籤來表達某種歸屬關係（例如物件 X 屬於 ABC 部門）、或是某種環境（如某種在正式環境中執行的服務）、或是任何你自訂的物件編排方式。注意標籤的名稱長度及其許可值仍有限制存在。[2]

6.6　利用標籤來查詢

問題

想要有效率地查詢物件。

解法

利用 kubectl get --selector 指令即可。例如，有以下的 pod 要查詢：

```
$ kubectl get pods --show-labels
NAME                        READY  ...   LABELS
cockroachdb-0               1/1    ...   app=cockroachdb,
cockroachdb-1               1/1    ...   app=cockroachdb,
cockroachdb-2               1/1    ...   app=cockroachdb,
jump-1247516000-sz87w       1/1    ...   pod-template-hash=1247516000,run=jump
nginx-4217019353-462mb      1/1    ...   pod-template-hash=4217019353,run=nginx
nginx-4217019353-z3g8d      1/1    ...   pod-template-hash=4217019353,run=nginx
prom-2436944326-pr60g       1/1    ...   app=prom,pod-template-hash=2436944326
```

2　參閱 Kubernetes 官網「標籤與選擇器：語法和字元集」（"Labels and Selectors: Syntax and character set"，*https://kubernetes.io/docs/concepts/overview/working-with-objects/labels/#syntax-and-character-set*）。

你可以挑出標示為 CockroachDB 應用程式的 pod（app=cockroachdb）：

```
$ kubectl get pods --selector app=cockroachdb
NAME            READY     STATUS      RESTARTS    AGE
cockroachdb-0   1/1       Running     0           17h
cockroachdb-1   1/1       Running     0           17h
cockroachdb-2   1/1       Running     0           17h
```

探討

標籤是物件中繼資料的一部份。任何 Kubernetes 物件都可以加上標籤。Kubernetes 也可以用標籤來選擇部署（參閱招式 4.1）或服務（參閱第 5 章）所需的 pod。

你可以用 kubectl label 指令手動加上標籤（參閱招式 6.5），或是在物件的項目清單裡定義標籤：

```
apiVersion: v1
kind: Pod
metadata:
  name: foobar
  labels:
    tier: frontend
...
```

只要有標籤存在，就可以用 kubectl get 列舉它們，但注意以下事項：

- -l 是 --selector 的簡寫格式，它會根據你指定的成對 key=value 來查詢物件。

- --show-labels 會顯示每個物件的所有標籤。

- -L 會按照你指定的標籤值、再加上一個欄位來篩選回傳的結果。

- 許多物件種類都支援集合式（set-based）查詢，亦即你可以像這樣陳述查詢「必須標示為 X 與 / 或 Y。」例如，kubectl get pods -l 'env in (production, development)' 就可以找出被標示為正式或測試環境的 pod 們。

如果有兩個 pod 正在運行，一個標示為 run=barfoo、另一個標示為 run=foobar，那麼你得到的輸出資訊就會像這樣：

```
$ kubectl get pods --show-labels
NAME                       READY   ...   LABELS
barfoo-76081199-h3gwx      1/1     ...   pod-template-hash=76081199,run=barfoo
foobar-1123019601-6x9w1    1/1     ...   pod-template-hash=1123019601,run=foobar

$ kubectl get pods -Lrun
NAME                       READY   ...   RUN
barfoo-76081199-h3gwx      1/1     ...   barfoo
foobar-1123019601-6x9w1    1/1     ...   foobar

$ kubectl get pods -l run=foobar
NAME                       READY   ...
foobar-1123019601-6x9w1    1/1     ...
```

參閱

- Kubernetes 官網關於標籤的文件
  （*https://kubernetes.io/docs/concepts/overview/working-with-objects/labels/*）

6.7 以一道指令註記資源

問題

用一道通用的、非識別的成對鍵 / 值，也許還加上不是讓人判讀的資訊，以其註記一項資源。

解法

利用 kubectl annotate 命令：

```
$ kubectl annotate pods foobar \
description='something that you can use for automation'
```

探討

註記的用意是要為 Kubernetes 加上自動操作效果。例如，當你用 kubectl run 指令建立一個部署、但忘記加上 --record 選項時，就會發現在推出的歷史紀錄裡（參閱招式 4.5），變更因素（change-cause）欄位中空無一物。從 Kubernetes v1.6.0 起，如要開始紀錄會造成部署變動的命令，你可以利用 kubernetes.io/change-cause 鍵來加上註記。假設部署的名稱是 foobar，就這樣註記：

```
$ kubectl annotate deployment foobar \
kubernetes.io/change-cause="Reason for creating a new revision"
```

這樣一來，後續的部署變動就都會紀錄下來了。

## 第七章

管理特定的工作

我們曾在第 4 章探討過如何啟動一個應該持續運行的應用程式,如網頁伺服器、或應用程式伺服器等等。本章將探討更深入的工作負載,如會發起自行終止程序的批次作業,在特定節點上運行 pod,或是管理有狀態的、非雲端原生的應用程式。

7.1　執行一個批次作業

問題

運行一個程序、而且運行一段時間便會自行結束,像是批次轉換、備份操作、或升級資料庫設計等等。

解法

使用 Kubernetes 的工作資源(job resource)來啟動和監督負責執行該批次程序的 pod。[1]

1　Kubernetes, "Jobs - Run to Completion"(*https://kubernetes.io/docs/concepts/workloads/controllers/jobs-run-to-completion/*)。

首先替工作定義一個 Kubernetes 項目清單，檔名為 *counter-batch-job.yaml*：

```
apiVersion:          batch/v1
kind:                Job
metadata:
  name:              counter
spec:
  template:
    metadata:
      name:          counter
    spec:
      containers:
      - name:        counter
        image:       busybox
        command:
        - "sh"
        - "-c"
        - "for i in 1 2 3 ; do echo $i ; done"
      restartPolicy: Never
```

然後啟動一個工作，並觀察其狀態：

```
$ kubectl create -f counter-batch-job.yaml
job "counter" created

$ kubectl get jobs
NAME       DESIRED    SUCCESSFUL    AGE
counter    1          1             22s

$ kubectl describe jobs/counter
Name:          counter
Namespace:     default
Selector:      controller-uid=634b9015-7f58-11e7-b58a-080027390640
Labels:        controller-uid=634b9015-7f58-11e7-b58a-080027390640
               job-name=counter
Annotations:   <none>
Parallelism:   1
Completions:   1
Start Time:    Sat, 12 Aug 2017 13:18:45 +0100
Pods Statuses: 0 Running / 1 Succeeded / 0 Failed
Pod Template:
  Labels:      controller-uid=634b9015-7f58-11e7-b58a-080027390640
               job-name=counter
  Containers:
   counter:
    Image:     busybox
```

```
    Port:           <none>
    Command:
      sh
      -c
      for i in 1 2 3 ; do echo $i ; done
    Environment:        <none>
    Mounts:             <none>
  Volumes:              <none>
Events:
  FirstSeen  ...  ...  ...  Type    Reason          Message
  ---------  ...  ...  ...  ------  ------          -------
  31s        ...  ...  ...  Normal  SuccessfulCreate  Created pod: counter-0pt20
```

最後，驗證它是否真的完成任務（從 1 數到 3）：

```
$ kubectl logs jobs/counter
1
2
3
```

確實如你所見，計數的工作真的有好好地在數。

如果你不再需要該項工作，就用 `kubectl delete jobs/counter` 移除它。

7.2 在 Pod 裡按照時間表執行一個任務

問題

想要按照特定時間表在 Kubernetes 管理的 pod 裡執行一個任務。

解法

利用 Kubernetes 的 `CronJob` 物件。`CronJob` 物件源自於更普通的 `Job` 物件（參閱招式 7.1）。

你可以撰寫一個類似下例的項目清單，以便排定工作時間表。在 spec 段落裡，會有一個 schedule 區段，後面的資料完全是 crontab 格式。而 template 區段則描述了負責執行指令的 pod（它會每隔一小時把當天的日期和時刻顯示在 stdout）：

```
apiVersion:          batch/v2alpha1
kind:                CronJob
metadata:
  name:              hourly-date
spec:
  schedule:          "0 * * * *"
  jobTemplate:
    spec:
      template:
        spec:
          containers:
          - name:      date
            image:     busybox
            command:
              - "sh"
              - "-c"
              - "date"
          restartPolicy: OnFailure
```

參閱

- CronJob 的文件（*https://kubernetes.io/docs/concepts/workloads/controllers/cron-jobs/*）

7.3　為每一個節點運行一個基礎設施服務

問題

要啟動一個基礎設施服務（infrastructure daemon），如日誌蒐集器或監控代理程式，而且每個節點上只能有一個這樣的 pod。

解法

利用 DaemonSet 啟動和監督服務程序。舉例來說，若要在叢集中的每一個節點上啟動一個 Fluentd 代理程式，請先建立名為 *fluentd-daemonset.yaml* 的檔案，內容如下：

```
kind:               DaemonSet
apiVersion:         extensions/v1beta1
metadata:
  name:             fluentd
spec:
  template:
    metadata:
      labels:
        app:        fluentd
        name:       fluentd
    spec:
      containers:
      - name:       fluentd
        image:      gcr.io/google_containers/fluentd-elasticsearch:1.3
        env:
         - name:    FLUENTD_ARGS
           value:   -qq
        volumeMounts:
         - name:    varlog
           mountPath: /varlog
         - name:    containers
           mountPath: /var/lib/docker/containers
      volumes:
        - hostPath:
            path:   /var/log
          name:     varlog
        - hostPath:
            path:   /var/lib/docker/containers
          name:     containers
```

現在你可以啟動 DaemonSet 了：

```
$ kubectl create -f fluentd-daemonset.yaml
daemonset "fluentd" created

$ kubectl get ds
NAME      DESIRED   CURRENT   READY   UP-TO-DATE   AVAILABLE   NODE-SELECTOR   AGE
fluentd   1         1         1       1            1           <none>          17s

$ kubectl describe ds/fluentd
```

```
Name:            fluentd
Selector:        app=fluentd
Node-Selector:   <none>
Labels:          app=fluentd
Annotations:     <none>
Desired Number of Nodes Scheduled: 1
Current Number of Nodes Scheduled: 1
Number of Nodes Scheduled with Up-to-date Pods: 1
Number of Nodes Scheduled with Available Pods: 1
Number of Nodes Misscheduled: 0
Pods Status:     1 Running / 0 Waiting / 0 Succeeded / 0 Failed
...
```

探討

注意以上的輸出,由於指令是在 Minikube 裡執行的,你只會看到一個 pod 在運行,這是因為 Minikube 原本就只設置一個節點之故。如果你的叢集裡有 15 個節點,你就會得到總共 15 個 pod、而且剛好每個節點運行 1 個 pod。你也可以透過 DaemonSet 項目清單 spec 裡的 nodeSelector 區段,把服務侷限在特定的節點上。

7.4 管理有狀態的 Leader/Follower 應用程式

問題

運行一支應用程式,其 pod 擁有彼此互異的潛在特質,像是某個資料庫,由一個 leader 來處理讀寫;其他數個 follower 則只接受讀取。你無法只靠部署達成這種配置,因為部署只能配置完全一致的 pod,但你需要的是一個監督者,由它來處理不同的 pod,就像是寵物跟家畜的差別一般。

解法

利用 StatefulSet,它可以透過獨特的網路名稱啟用工作負載,溫和地進行部署 / 調整 / 終止等動作、或是持久性儲存。舉例來說,若你想要運行廣受喜愛的可延展資料儲存 CockroachDB,可以利用下例 [2],其核心包含以下的 StatefulSet 段落:

---

2 GitHub 上 的 Kubernetes cockroachdb 範 例 檔 *cockroachdb-statefulset.yaml*(*https://github.com/k8s-cookbook/recipes/blob/master/ch07/cockroachdb-statefulset.yaml*)。

```
apiVersion: apps/v1beta1
kind:                   StatefulSet
metadata:
  name:                 cockroachdb
spec:
  serviceName:          "cockroachdb"
  replicas:             3
  template:
    metadata:
      labels:
        app:            cockroachdb
    spec:
      initContainers:
      - name:           bootstrap
        image:          cockroachdb/cockroach-k8s-init:0.2
        imagePullPolicy: IfNotPresent
        args:
        - "-on-start=/on-start.sh"
        - "-service=cockroachdb"
        env:
        - name:         POD_NAMESPACE
          valueFrom:
            fieldRef:
              fieldPath: metadata.namespace
        volumeMounts:
        - name: datadir
          mountPath:    "/cockroach/cockroach-data"
      affinity:
        podAntiAffinity:
          preferredDuringSchedulingIgnoredDuringExecution:
          - weight: 100
            podAffinityTerm:
              labelSelector:
                matchExpressions:
                - key: app
                  operator:  In
                  values:
                  - cockroachdb
              topologyKey:   kubernetes.io/hostname
      containers:
      - name:           cockroachdb
        image:          cockroachdb/cockroach:v1.0.3
        imagePullPolicy: IfNotPresent
        ports:
        - containerPort: 26257
          name: grpc
```

```
        - containerPort:        8080
          name: http
        volumeMounts:
        - name: datadir
          mountPath:            /cockroach/cockroach-data
        command:
          - "/bin/bash"
          - "-ecx"
          - |
            if [ ! "$(hostname)" == "cockroachdb-0" ] || \
               [ -e "/cockroach/cockroach-data/cluster_exists_marker" ]
            then
              CRARGS+=("--join" "cockroachdb-public")
            fi
            exec /cockroach/cockroach ${CRARGS[*]}
      terminationGracePeriodSeconds: 60
      volumes:
      - name:                 datadir
        persistentVolumeClaim:
          claimName:          datadir
  volumeClaimTemplates:
  - metadata:
      name:                   datadir
      annotations:
        volume.alpha.kubernetes.io/storage-class: anything
    spec:
      accessModes:
        - "ReadWriteOnce"
      resources:
        requests:
          storage:            1Gi
```

然後這樣啟動它：

```
$ curl -s -o cockroachdb-statefulset.yaml \
        https://github.com/k8s-cookbook/recipes/blob/master/\
        ch07/cockroachdb-statefulset.yaml

$ curl -s -o crex.sh \
        https://github.com/k8s-cookbook/recipes/blob/master/ch07/crex.sh

$ ./crex.sh
+ kubectl delete statefulsets,persistentvolumes,persistentvolumeclaims,services...
...
+ kubectl create -f -
persistentvolumeclaim "datadir-cockroachdb-3" created
```

```
+ kubectl create -f cockroachdb-statefulset.yaml
service "cockroachdb-public" created
service "cockroachdb" created
poddisruptionbudget "cockroachdb-budget" created
statefulset "cockroachdb" created
```

現在你可以在 Kubernetes 儀表板上看到，已建立了 StatefulSet 物件和相關的 pod（圖 7-1）。[譯註]

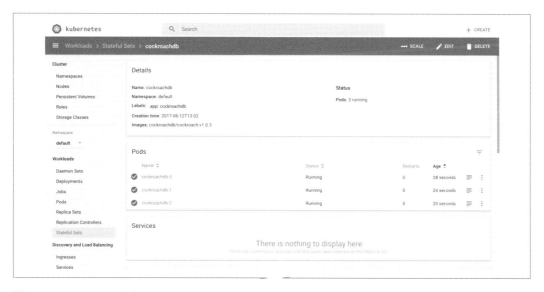

圖 7-1　StatefulSet 的畫面

探討

在 Kubernetes 裡，StatefulSet 原本被稱為 PetSet。由此很容易判斷出它原本的設計動機。從 Kubernetes 1.7 版起，StatefulSet 首次推出成為測試版功能，亦即此一 API 不再更名；只會有跟用戶體驗（UX）相關的修正。一個 StatefulSet 其實就是一個控制器，為它所監督的 pod 提供獨一無二的身份。注意，為安全起見，刪除一個 StatefulSet 並不會連帶刪除跟它有關的卷冊（volumes）。

另一個 StatefulSet 的運用案例則常見於老舊環境，就是運行一個並非依照 Kubernetes 概念撰寫的應用程式。從 Kubernetes 的角度來看，這種應用程式有時也被稱為*遺留應用程式*（*legacy apps*）。我們接下來會把這類應用程式歸納為非雲端原生的應用程式。StatefulSet 是監督這類應用程式的絕佳方式。

參閱

- StatefulSet 基本概念
  （*https://kubernetes.io/docs/tutorials/stateful-application/basic-stateful-set/*）

- 運行一個有狀態的應用程式抄本
  （*https://kubernetes.io/docs/tasks/run-application/run-replicated-stateful-application/*）

- 範例：用 Stateful Sets 來部署 Cassandra
  （*https://kubernetes.io/docs/tutorials/stateful-application/cassandra/*）

- 利用 Sentinel 以 Stateful Set 運行 Kubernetes Redis
  （*https://github.com/corybuecker/redis-stateful-set*）

- Oleg Chunikhin 的專文「如何以 Kubernetes 的 PetSet 或 StatefulSet 運行 MongoDb 的抄本集合」
  （"How to Run a MongoDb Replica Set on Kubernetes PetSet or StatefulSet"，*https://www.linkedin.com/pulse/how-run-mongodb-replica-set-kubernetes-petset-oleg-chunikhin/*）

- Hacker News 專文探討 StatefulSets（*https://news.ycombinator.com/item?id=13225183*）

7.5　影響 Pod 的啟動行為

問題

你的 pod 必須仰賴若干其他服務，只有這些服務堪用時 pod 才能正常運作。

解法

利用 init 容器（*https://kubernetes.io/docs/concepts/workloads/pods/init-containers/*）來影響 pod 的啟動行為。

設想你要啟動一個 nginx 網頁伺服器，而且必須倚靠後台的服務來提供內容。因此你想要確保 nginx 的 pod 只會在後台服務已經正常運作的前提下才會啟動。

首先，建立一個網頁伺服器所需仰賴的後台服務：

```
$ kubectl run backend --image=mhausenblas/simpleservice:0.5.0
deployment "backend" created

$ kubectl expose deployment backend --port=80 --target-port=9876
```

然後你就可以使用以下的項目清單 *nginx-init-container.yaml* 來啟動 nginx 的實例，且確保前者只有在 backend 部署已畢、可以提供資料時，方才啟動：[譯註]

```
kind:               Deployment
apiVersion:         apps/v1beta1
metadata:
  name:             nginx
spec:
  replicas:         1
  template:
    metadata:
      labels:
        app:        nginx
    spec:
      containers:
```

[譯註] 從本書的 GitHub 頁面下載 *https://github.com/k8s-cookbook/recipes/blob/master/ch07/nginx-init-container.yaml* 範例後，記得把 initContainers 段落的 image:busybox 改成 image:busybox:1.28，這樣才能避開 busybox 最近版本的 DNS 查詢問題（參閱招式 5.2 的譯註）。

```
  - name:       webserver
    image:      nginx
    ports:
    - containerPort: 80
  initContainers:
  - name:       checkbackend
    image:      busybox
    command:    ['sh', '-c', 'until nslookup backend.default.svc; do echo
                 "Waiting for backend to come up"; sleep 3; done; echo
                 "Backend is up, ready to launch web server"']
```

現在你可以啟動 nginx 部署，並檢視 init 容器所監督的 pod 日誌檔，驗證它是否已先完成前置準備了：

```
$ kubectl create -f nginx-init-container.yaml
deployment "nginx" created

$ kubectl get po
NAME                        READY     STATUS     RESTARTS    AGE
backend-853383893-2g0gs     1/1       Running    0           43m
nginx-2101406530-jwghn      1/1       Running    0           10m

$ kubectl logs nginx-2101406530-jwghn -c checkbackend
Server:    10.0.0.10
Address 1: 10.0.0.10 kube-dns.kube-system.svc.cluster.local

Name:      backend.default.svc
Address 1: 10.0.0.46 backend.default.svc.cluster.local
Backend is up, ready to launch web server
```

如各位所見，init 容器裡的指令確實如預期般運作。

## 第八章

卷冊與組態資料

Kubernetes 裡的卷冊（*volume*），其實就是一個目錄，可以讓 pod 裡運行的所有容器都能使用，如此便可在個別的容器重啟時提供額外的保障，資料不會因而遺失。

依據卷冊背後的屬性、以及其他的潛在特質，我們把卷冊區分成以下幾種：

- 節點內（*Node-local*）的本地卷冊，如 emptyDir 或是 hostPath
- 通用的網路（*networked*）卷冊，像是 nfs、glusterfs、或是 cephfs
- 雲端供應商專有（*Cloud provider–specific*）的卷冊，如 awsElasticBlockStore、azureDisk、或是 gcePersistentDisk
- 特殊用途（*Special-purpose*）的卷冊，如 secret 或 gitRepo

要選用哪一種類型的卷冊，端看你應用的案例而定。舉例來說，如果只是需要一個臨時的空間，emptyDir 就足供使用，但當你需要確保資料能在節點故障時仍能安然無恙，就該考慮網路卷冊，如果你的 Kubernetes 是運作在公有雲上，更該考慮雲端供應商專有的卷冊。

8.1　透過本地卷冊在容器間交換資料

問題

你在 pod 上有兩個以上的容器在運行，希望能讓它們透過檔案系統操作彼此交換資料。

解法

使用 emptyDir 類型的本地卷冊。

先從以下的 pod 項目清單 *exchangedata.yaml* 開始，其中有兩個容器（c1 和 c2），每個容器都在自己的檔案系統中掛載了本地卷冊 xchange，但掛載點不同：

```
apiVersion:         v1
kind:               Pod
metadata:
  name:             sharevol
spec:
  containers:
  - name:           c1
    image:          centos:7
    command:
      - "bin/bash"
      - "-c"
      - "sleep 10000"
    volumeMounts:
      - name:       xchange
        mountPath:  "/tmp/xchange"
  - name:           c2
    image:          centos:7
    command:
      - "bin/bash"
      - "-c"
      - "sleep 10000"
    volumeMounts:
      - name:       xchange
        mountPath:  "/tmp/data"
  volumes:
  - name:           xchange
    emptyDir:       {}
```

現在你可以啟動 pod、用 exec 進入、並在其中一個容器中建立資料，然後就可以在另一個容器中看到同樣的資料：

```
$ kubectl create -f exchangedata.yaml
pod "sharevol" created

$ kubectl exec sharevol -c c1 -i -t -- bash
[root@sharevol /]# mount | grep xchange
/dev/vda1 on /tmp/xchange type ext4 (rw,relatime,data=ordered)
[root@sharevol /]# echo 'some data' > /tmp/xchange/data
[root@sharevol /]# exit

$ kubectl exec sharevol -c c2 -i -t -- bash
[root@sharevol /]# mount | grep /tmp/data
/dev/vda1 on /tmp/data type ext4 (rw,relatime,data=ordered)
[root@sharevol /]# cat /tmp/data/data
some data
```

探討

一個本地卷冊的背後，其實是由容器運行所在的 pod 和節點在支援的。如果節點離線、或是你嘗試對節點進行維護（參閱招式 12.8），那麼本地卷冊就會隨之消失、資料也化為烏有。

有些案例十分適合本地卷冊發揮，例如臨時的儲存空間、或是當你已從 S3 bucket 這類的場所^{譯註}取得 canonical state 時，但一般而言，你還是會比較常用到以網路儲存為基礎的卷冊（參閱招式 8.6）。

參閱

- Kubernetes 官網對卷冊的說明文件
  （*https://kubernetes.io/docs/concepts/storage/volumes/*）

譯註 S3 bucket 的 S3 是 Simple Storage Service 的簡稱，這是 AWS 的服務之一。

8.2　利用 Secret 將 API 存取密鑰傳遞給 Pod

問題

身為管理員，你想透過安全的方式把 API 存取密鑰提供給開發人員；亦即不在 Kubernetes 的項目清單中以明文提供。

解法

使用 secret 類型的本地卷冊（*https://kubernetes.io/docs/concepts/storage/volumes/#secret*）。

假設要讓開發人員取用一個外部服務，其密碼為 open sesame。

首先，請建立一個內有密碼、叫做 *passphrase* 的文字檔：

```
$ echo -n "open sesame" > ./passphrase
```

然後透過 *passphrase* 檔案建立 secret（*https://kubernetes.io/docs/concepts/configuration/secret/*）：

```
$ kubectl create secret generic pp --from-file=./passphrase
secret "pp" created

$ kubectl describe secrets/pp
Name:          pp
Namespace:     default
Labels:        <none>
Annotations:   <none>

Type:    Opaque

Data
====
passphrase:    11 bytes
```

從管理員角度來說，你的工作已經完成了，接下來只需把 secret 提供給開發人員使用即可。因此現在我們不妨假裝自己是開發人員，要在 pod 裡真正使用這個密碼。

若要使用密碼，你得把它掛載成 pod 的卷冊，然後就像正常檔案般讀取它。現在請建立pod、並掛載卷冊：

```
apiVersion:        v1
kind:              Pod
metadata:
  name:            ppconsumer
spec:
  containers:
  - name:          shell
    image:         busybox
    command:
      - "sh"
      - "-c"
      - "mount | grep access  && sleep 3600"
    volumeMounts:
    - name:        passphrase
      mountPath: "/tmp/access"
      readOnly:    true
  volumes:
  - name:          passphrase
    secret:
      secretName:  pp
```

現在啟動這個 pod 並觀察其日誌檔，你應該可以找到 secret 檔案 pp、它掛載在 */tmp/access/passphrase*：

```
$ kubectl creale -f ppconsumer.yaml
pod "ppconsumer" created

$ kubectl logs ppconsumer
tmpfs on /tmp/access type tmpfs (ro,relatime)
```

若要在運行的容器中取用密碼，只需讀取位在 */tmp/access* 下的 *passphrase* 檔案即可，就像這樣：

```
$ kubectl exec ppconsumer -i -t -- sh

/ # cat /tmp/access/passphrase
open sesame
```

探討

Secret 以命名空間為存在背景，因此在設置或使用它時均須考慮到這一點。

你可以透過以下方式，從運行在 pod 上的容器中取用 secret：

- 卷冊（如以上解法說明，其內容存放在 `tmpfs` 的卷冊裡）

- 環境變數（*https://kubernetes.io/docs/concepts/configuration/secret/#using-secrets-as-environment-variables*）

還有，請注意 secret 的大小不能超過 1 MB。

除了使用者自訂的 secret，Kubernetes 還會替服務帳號自動建立 secret、以便取用 API。舉例來說，如果安裝了 Prometheus（參閱招式 11.6），你就會在 Kubernetes 儀表板看到像圖 8-1 所示的畫面。

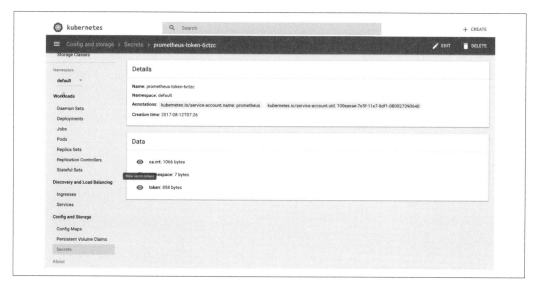

圖 8-1　Prometheus 服務帳號的 secret 畫面

kubectl create secret 可以處理三種類型的 secret，而且按照應用案例的不同，你還可以選擇不同類型的 secret：

- docker-registry 類型專用於 Docker 登錄所（Docker registry）。
- generic（通用）類型就是上述解法所採用的類型；它會從本地端檔案、目錄、甚至字面值（literal value）建立 secret（你必須自行處理 base64-encode 的編碼）。
- 如果加上 tls，就能建立安全的入口 SSL 憑證。

kubectl describe 並不會以明文顯示 secret 的內容。這就避免了「背後偷窺密碼」的問題。但你還是有辦法可以手動解碼，因為內容並未經過加密，只做了 base64 編碼罷了：

```
$ kubectl get secret pp -o yaml | \
  grep passphrase | \
  cut -d":" -f 2 | \
  awk '{$1=$1};1' | \
  base64 --decode
open sesame
```

在這道指令裡，第一行會取得 secret 的 YAML 形態，第二行則以 grep 挑出含有 passphrase: b3BlbiBzZXNhbWU= 的那一行（注意此處開頭的空格）。然後 cut 將密碼內容提出，再由 awk 指令清理開頭的空格。最後 base64 指令會把密碼解碼、再度還原為原始資料。

在 Kubernetes 1.7 版之前，API 伺服器以明文形式將 secret 存放在 etcd 裡。現在你可以自由選擇，在啟動 kube-apiserver 時，以 --experimental-encryption-provider-config 選項來做加密。

參閱

- Kubernetes 官網的 Secret 相關文件
  （*https://kubernetes.io/docs/concepts/configuration/secret/*）

- 在 Rest 上為 Secret 資料加密
  （*https://kubernetes.io/docs/tasks/administer-cluster/encrypt-data/*）

8.3 將組態資料提供給應用程式

問題

將組態資料提供給應用程式，但不想把這類資料放在容器映像檔內、或是直接寫在 pod 組態裡。

解法

利用 config map。這是第一級（first-class）的 Kubernetes 資源，透過它，你可以經由環境變數或檔案，將組態資料提供給 pod。

假設你想要建立一個組態、內有密鑰 siseversion、其值則為 0.9。做法很簡單：

```
$ kubectl create configmap siseconfig --from-literal=siseversion=0.9
configmap "siseconfig" created
```

現在你可以在部署時利用 config map 了。舉例來說，在檔名為 *cmapp.yaml* 的項目清單檔案裡，內容如下：

```
apiVersion:            extensions/v1beta1
kind:                  Deployment
metadata:
  name:                cmapp
spec:
  replicas:            1
  template:
    metadata:
      labels:
        app:           cmapp
    spec:
      containers:
      - name:          sise
        image:         mhausenblas/simpleservice:0.5.0
        ports:
        - containerPort:  9876
        env:
        - name:        SIMPLE_SERVICE_VERSION
```

```
        valueFrom:
          configMapKeyRef:
            name:        siseconfig
            key:         siseversion
```

我們剛剛已經說明如何以環境變數的形式將組態傳入。然而你也可以透過卷冊、以檔案的形式掛載到 pod 裡。

假設你有這樣的一個組態檔 *example.cfg*：

```
debug: true
home: ~/abc
```

你可以用該組態檔製作一個 config map 如下：

```
$ kubectl create configmap configfile --from-file=example.cfg
```

現在你可以像卷冊般運用 config map 了。以下便是一個名為 oreilly 的 pod 所需的項目清單檔；它採用 busybox 映像檔、而且會沉睡（sleep）一小時（3,600 秒）。在 volumes 區段裡，有一個名為 oreilly 的卷冊、使用了上述 configfile 這個剛建立的 config map。然後這個卷冊會掛載到容器內路徑 /oreilly 之下。這樣一來就可以在 pod 內取用該檔案了：

```
apiVersion:        v1
kind:              Pod
metadata:
  name:            oreilly
spec:
  containers:
  - image:         busybox
    command:
      - sleep
      - "3600"
    volumeMounts:
    - mountPath:    /oreilly
      name:         oreilly
    name:           busybox
  volumes:
  - name:           oreilly
    configMap:
      name:         configfile
```

建立 pod 後，驗證 *example.cfg* 檔案確實可以在 pod 內取得：

```
$ kubectl exec -ti oreilly -- ls -l /oreilly
total 0
lrwxrwxrwx   1 root    root    18 Dec 16 19:36 example.cfg -> ..data/example.cfg

$ kubectl exec -ti oreilly -- cat /oreilly/example.cfg
debug: true
home: ~/abc
```

至於如何從檔案建立 config map 的完整範例，請參閱招式 11.6。

參閱

• 設定 Pod 以使用 ConfigMap
  （ *https://kubernetes.io/docs/tasks/configure-pod-container/configure-pod-configmap/* ）

8.4　在 Minikube 裡使用永久性卷冊

問題

不想失去放在磁碟上的容器資料（亦即要確保在寄居的 pod 重啟後、資料依然存在）。

解法

利用永久性卷冊（persistent volume, PV）。在 Minikube 案例裡，你可以建立一個類型為 hostPath 的 PV、並將其比照一般卷冊掛載到容器的檔案系統裡。

首先，在 *hostpath-pv.yaml* 項目清單檔裡定義一個名為 hostpathpv 的 PV：

```
kind:              PersistentVolume
apiVersion:        v1
metadata:
  name:            hostpathpv
  labels:
    type:          local
spec:
  storageClassName: manual
  capacity:
```

```
    storage:          1Gi
  accessModes:
  - ReadWriteOnce
  hostPath:
    path:             "/tmp/pvdata"
```

但在你建立 PV 前，必須先在節點上（也就是在 Minikube 的實例裡），準備一個 */tmp/ pvdata* 目錄。你可以用 minikube ssh 進入 Kubernetes 叢集所在的節點：

```
$ minikube ssh

$ mkdir /tmp/pvdata && \
  echo 'I am content served from a delicious persistent volume' > \
  /tmp/pvdata/index.html

$ cat /tmp/pvdata/index.html
I am content served from a delicious persistent volume

$ exit
```

現在你已準備好節點上的目錄，可以從項目清單檔 *hostpath-pv.yaml* 建立 PV 了：

```
$ kubectl create -f hostpath-pv.yaml
persistentvolume "hostpathpv" created

$ kubectl get pv
NAME           CAPACITY     ACCESSMODES     RECLAIMPOLICY     STATUS       ...    ...    ...
hostpathpv     1Gi          RWO             Retain            Available    ...    ...    ...

$ kubectl describe pv/hostpathpv
Name:             hostpathpv
Labels:           type=local
Annotations:      <none>
StorageClass:     manual
Status:           Available
Claim:
Reclaim Policy:   Retain
Access Modes:     RWO
Capacity:         1Gi
Message:
Source:
    Type:         HostPath (bare host directory volume)
    Path:         /tmp/pvdata
Events:           <none>
```

直至此時,你都是以管理員角色來執行這些步驟的。你可以定義 PV、並將其公開給
Kubernetes 叢集的開發人員使用。

現在假裝你是開發人員,在 pod 裡以他們的角度使用 PV 試試看。你可以透過永久性卷
冊聲請(*persistent volume claim*,PVC)做到這一點,這種稱呼源於你其實是一字不漏
地要求使用符合指定特徵的 PV,例如指定的大小或儲存種類等等。

請建立一個內有 PVC 定義、檔名為 *pvc.yaml* 的項目清單,要求 200 MB 的空間:

```
kind:                 PersistentVolumeClaim
apiVersion:           v1
metadata:
  name:               mypvc
spec:
  storageClassName: manual
  accessModes:
  - ReadWriteOnce
  resources:
    requests:
      storage:        200Mi
```

接著啟動 PVC 並驗證其狀態:

```
$ kubectl create -f pvc.yaml
persistentvolumeclaim "mypvc" created

$ kubectl get pv
NAME         CAPACITY   ACCESSMODES   ...   STATUS   CLAIM           STORAGECLASS
hostpathpv   1Gi        RWO           ...   Bound    default/mypvc   manual
```

注意,hostpathpv 這個 PV 的狀態已從 Available 變成 Bound 了。

現在你終於可以從容器內的 PV 使用資料了，這時要藉由一個部署、將 PV 掛載到檔案系統的來達成目的。因此請先建立一個 *nginx-usingpv. Yaml* 檔案、內容如下：

```
kind:                      Deployment
apiVersion:                extensions/v1beta1
metadata:
  name:                    nginx-with-pv
spec:
  replicas:                1
  template:
    metadata:
      labels:
        app:               nginx
    spec:
      containers:
      - name:              webserver
        image:             nginx
        ports:
        - containerPort:   80
        volumeMounts:
        - mountPath:       "/usr/share/nginx/html"
          name:            webservercontent
      volumes:
      - name:              webservercontent
        persistentVolumeClaim:
          claimName:       mypvc
```

然後啟動該部署：

```
$ kubectl create -f nginx-using-pv.yaml
deployment "nginx-with-pv" created

$ kubectl get pvc
NAME    STATUS  VOLUME      CAPACITY  ACCESSMODES  STORAGECLASS  AGE
mypvc   Bound   hostpathpv  1Gi       RWO          manual        12m
```

各位可以看出來，PV 已因你建立的 PVC 而處於使用中的狀態。

若要驗證資料確實已經進入,你可以建立一個服務(參閱招式 5.1)和一個 ingress 物件(參閱招式 5.5),然後操作看看:

```
$ curl -k -s https://192.168.99.100/web譯註
I am content served from a delicious persistent volume
```

漂亮!你已經(以管理員身份)準備好一個永久性卷冊,也(以開發者身份)透過永久性卷冊聲請來要求使用它,並藉由將 PV 掛載到容器檔案系統、透過 pod 部署操作其內容。

探討

在這段解法裡,我們利用了 hostPath 類型的永久性卷冊。但你不會想要在正式環境設定裡使用這種方式,而是改請叢集管理員替你準備一組網路卷冊,背後有 NFS 或亞馬遜的 Elastic Block Store(EBS)卷冊服務做後盾,確保你的資料穩當、就算單一節點故障也無所謂。

> 記住,PV 是全叢集都可使用的資源;亦即它們不屬於特定命名空間(not namespaced)。然而 PVC 卻是有命名空間的(namespaced)。你可以從特定命名空間用具名的 PVC 來要求使用 PV。

參閱

- Kubernetes 官網關於永久性卷冊的文件
  (*https://kubernetes.io/docs/concepts/storage/persistent-volumes/*)

- 設定 Pod 以便使用永久性卷冊來做為儲存之用
  (*https://kubernetes.io/docs/tasks/configure-pod-container/configure-persistent-volume-storage/*)

譯註 注意,如果要沿用 5.5 的 ingress 物件製作方式,記得要先把 manifest 檔案裡的 serviceName 從 nginx 改成這裡的 nginx-with-pv,才能確保服務對應無誤。

8.5　了解 Minikube 裡的資料持久性

問題

你想要利用 Minikube 來學習如何把一個有狀態的（stateful）應用程式部署到 Kubernetes 裡。特別的是，你想要部署一個 MySQL 資料庫。

解法

在定義你的 pod 和資料庫範本時，利用 PersistentVolumeClaim 物件（參閱招式 8.4）來達成任務。

首先，你需要請求定量的儲存空間。以下的 *data.yaml* 項目清單就會請求要得到 1 GB 儲存空間。

```
kind:           PersistentVolumeClaim
apiVersion:     v1
metadata:
  name:         data
spec:
  accessModes:
    - ReadWriteOnce
  resources:
    requests:
      storage: 1Gi
```

在 Minikube 裡建立以下的 PVC，並立即觀察符合聲請的永久性卷冊係如何建立的：

```
$ kubectl create -f data.yaml

$ kubectl get pvc
NAME   STATUS  VOLUME                                    CAPACITY ...  ...  ...
data   Bound   pvc-da58c85c-e29a-11e7-ac0b-080027fcc0e7  1Gi          ...  ...  ...

$ kubectl get pv
NAME                                      CAPACITY  ...  ...  ...  ...  ...
pvc-da58c85c-e29a-11e7-ac0b-080027fcc0e7  1Gi          ...  ...  ...  ...  ...
```

現在你已準備好在自己的 pod 裡使用這份聲請了。在 volumes 區段裡指定類型為 PVC 的卷冊名稱（data）、再參照方才建立的 PVC 名稱（也叫 data）。然後在上面一點的 volumeMounts 欄位裡，把這個卷冊掛載到容器中的特定路徑。對 MySQL 來說，你應該把卷冊掛載到 /var/lib/mysql：

```
apiVersion:         v1
kind:               Pod
metadata:
  name:             db
spec:
  containers:
  - image:          mysql:5.5
    name:           db
    volumeMounts:
    - mountPath:    /var/lib/mysql
      name:         data
    env:
      - name:       MYSQL_ROOT_PASSWORD
        value:      root
  volumes:
  - name:           data
    persistentVolumeClaim:
      claimName:    data
```

探討

Minkube 在裝好時就已指定了預設的儲存類別，藉此定義預設的永久性儲存準備範本。亦即在永久性卷冊聲請成立時，Kubernetes 會動態地建立符合聲請的永久性卷冊。

這就是以上解法的詳情。一旦你建立了 data 的 PVC，Kubernetes 便會自動建立一個 PV 來滿足該次聲請。如果你稍微深入觀察 Minikube 的預設儲存類別，就會看到這個準備範本的類型：

```
$ kubectl get storageclass
NAME                 PROVISIONER
standard (default)   k8s.io/minikube-hostpath

$ kubectl get storageclass standard -o yaml
apiVersion: storage.k8s.io/v1
```

```
kind: StorageClass
...
provisioner: k8s.io/minikube-hostpath
reclaimPolicy: Delete
```

這個特定的儲存類別透過一個儲存準備範本，建立了一個類型為 hostPath 的永久性卷冊。只需觀察根據以上聲請建立此一 PV 的項目清單就可以看出來：

```
$ kubectl get pv
NAME                                         CAPACITY   ... CLAIM              ...
pvc-da58c85c-e29a-11e7-ac0b-080027fcc0e7     1Gi        ... default/foobar     ...

$ kubectl get pv pvc-da58c85c-e29a-11e7-ac0b-080027fcc0e7 -o yaml譯註
apiVersion: v1
kind: PersistentVolume
...
  hostPath:
    path: /tmp/hostpath-provisioner/pvc-da58c85c-e29a-11e7-ac0b-080027fcc0e7
    type: ""
...
```

若要驗證用來容納 data 資料庫的新建主機卷冊，可以連入 Minikube、並列舉目錄下的檔案：

```
$ minikube ssh

         _             _
        _         _ ( )           ( )
  ___ __  (_)  ___  (_)| |/')  _  _ | |_       __
/' _ ` _ `\| |/' _ `\| || , <  ( )( )| '_`\  /'__`\
| ( ) ( ) || || ( ) || || |\`\ | (_) || |_) )(  ___/
(_) (_) (_)(_)(_) (_)(_)(_) (_)`\___/'(_,__/'`\____)

$ ls -l /tmp/hostpath-provisioner/pvc-da58c85c-e29a-11e7-ac0b-080027fcc0e7
total 28688
-rw-rw---- 1 999 999        2 Dec 16 20:02 data.pid
-rw-rw---- 1 999 999  5242880 Dec 16 20:02 ib_logfile0
-rw-rw---- 1 999 999  5242880 Dec 16 20:02 ib_logfile1
-rw-rw---- 1 999 999 18874368 Dec 16 20:02 ibdata1
drwx------ 2 999 999     4096 Dec 16 20:02 mysql
drwx------ 2 999 999     4096 Dec 16 20:03 oreilly
drwx------ 2 999 999     4096 Dec 16 20:02 performance_schema
```

譯註 請在你自己的 Minikube 主機上執行，以便觀察隨機產生的 pv 名稱。

你現在確實已經擁有永久性資料了。就算有 pod 故障（或被你刪掉），你的資料依舊存活可用。

一般來說，storage classes（儲存類別）讓叢集管理員可以定義他們要提供的各種儲存類型。對於開發人員而言，這等於把儲存類型予以抽象化，讓他們可以放心使用 PVC、但不必擔心儲存供應者本身。

參閱

- 永久性卷冊文件
  （*https://kubernetes.io/docs/concepts/storage/persistent-volumes/#persistentvolumeclaims*）
- 儲存類別文件（*https://kubernetes.io/docs/concepts/storage/storage-classes/*）

8.6 在 GKE 上動態準備永久性儲存

問題

你不想像招式 8.4 所述的那樣以永久性卷冊聲請手動準備永久性卷冊，而是想加以自動化，亦即根據儲存或計費需求，動態地準備 PV。

解法

在 GKE 裡，請依照 Saad Ali 的部落格貼文所述為之「在 Kubernetes 裡的動態準備與儲存類別」（"Dynamic Provisioning and Storage Classes in Kubernetes"，*https://kubernetes.io/blog/2016/10/dynamic-provisioning-and-storage-in-kubernetes/*）。

探討

一般來說，準備和要求使用 PV 的工作流程會如圖 8-2 所示。

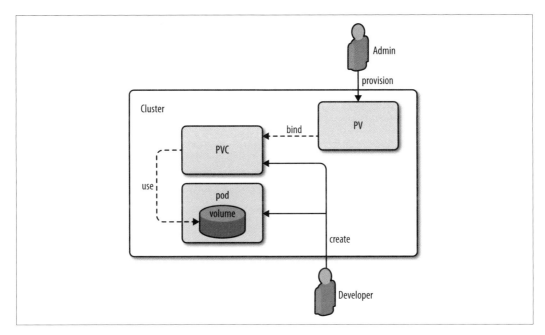

圖 8-2　準備和要求使用永久性卷冊的工作流程

工作流程需要管理員和開發者協調出卷冊的可用類型和大小。如果能以動態方式來準備，流程便會更加順暢。

## 第九章

規模調整

對於不同的使用者來說,在 Kubernetes 裡的規模調整(scaling)也許有不同的涵義。我們將其分成兩方面來看:

- 叢集的規模調整(Cluster scaling),有時也被稱做是基礎設施層面的(infrastructure-level)規模調整,所指的是基於叢集使用量而增減 worker 節點的(自動化)過程。

- 應用程式層面的規模調整(Application-level scaling),有時也稱為 pod 調整,所指的是基於各種衡量(metrics)來處置 pod 特性的(自動化)過程,這些衡量下至某一 pod 的 CPU 使用率之類的低階訊息、上至每秒的 HTTP 請求數量之類的高階訊息等等。pod 層面的 scaler 有兩種:

  — 水平的 Pod Autoscalers(HPA),它會按照特定的衡量來增減 pod 抄本的數量。

  — 垂直的 Pod Autoscalers(VPA),它會增減運行在 pod 中容器的資源需求。由於直至 2018 年 1 月間 VPAs 都還在發展階段,我們在此不會多做介紹。如果你對這個題材有興趣,可以參閱本書共同作者 Michael 的部落格貼文「容器的資源消耗 — 不得小覷的事實」("Container resource consumption—too important to ignore":*https://hackernoon.com/container-resource-consumption-too-important-to-ignore-7484609a3bb7*)。

本章會先介紹 AWS 和 GKE 各自在叢集層面的規模調整,接著會探討應用程式層面規模調整的 HPA 部份。

9.1　調整某個部署的規模

問題

想要對一個部署進行水平規模調整。

解法

使用 kubectl scale 指令來縮減部署。

我們要重複運用招式 4.4 中用過的 fancyapp 部署，它有五份抄本。如果它還未開始運行，請用 kubectl create -f fancyapp.yaml 建立。

現在假設負載已經降低，你不再需要多達五份的抄本；而是三個就夠了。為了將部署縮減到三分抄本，請這樣做：

```
$ kubectl get deploy fancyapp
NAME        DESIRED    CURRENT     UP-TO-DATE     AVAILABLE    AGE
fancyapp    5          5           5              5            9m

$ kubectl scale deployment fancyapp --replicas=3
deployment "fancyapp" scaled

$ kubectl get deploy fancyapp
NAME        DESIRED    CURRENT     UP-TO-DATE     AVAILABLE    AGE
fancyapp    3          3           3              3            10m
```

如果不想手動調整部署規模，也可以將過程自動化；範例請參閱招式 9.4。

9.2　在 GKE 裡自動重新安排叢集規模

問題

你希望自己的 GKE 叢集能依照使用率，自動地增減節點數量。

解法

請利用 GKE 的叢集 Autoscaler。本招式假設你已安裝了 gcloud 指令、也設置了相關環境（例如已經建立了專案、並啟用收費功能）。

首先，建立一個內有一個 worker 節點的叢集，確認你可以用 kubectl 操作它：

```
$ gcloud container clusters create --num-nodes=1 supersizeme
Creating cluster supersizeme...done.
Created [https://container.googleapis.com/v1/projects/k8s-cookbook/zones/...].
kubeconfig entry generated for supersizeme.
NAME          ZONE           MASTER_VERSION   MASTER_IP        ...   STATUS
supersizeme   europe-west2-b  1.7.8-gke.0      35.189.116.207   ...   RUNNING

$ gcloud container clusters get-credentials supersizeme --zone europe-west2-b \
                                              --project k8s-cookbook 譯註 1
```

接著啟用叢集的自動調整（autoscaling）功能：

```
$ gcloud beta container clusters update supersizeme --enable-autoscaling \
                                          --min-nodes=1 --max-nodes=3 \
                                          --zone=europe-west2-b \ 譯註 2
                                          --node-pool=default-pool
```

注意，如果你尚未啟用 beta 指令群，這一步你就會收到提示、要求允許安裝它。

此時如果觀察 Google Cloud console，應該就可以看到像圖 9-1 的畫面。譯註 3

現在請部署 15 個 pod。這會產生夠大的負載，讓叢集開始自動調整：

```
$ kubectl run ghost --image=ghost:0.9 --replicas=15 譯註 4
```

現在你應該會有一個包含三個節點的叢集，如圖 9-2 所示。

譯註 1 當你執行以上指令建立 supersizeme 叢集後，請到 GCP 的 Kuberentes Engine 去檢視，找出該叢集所在的主要區域，再填入這裡的 zone 參數；project 參數則按照你在建立 GCP 帳號時分派到的 project ID 而定，不是專案名稱哦。

譯註 2 這裡的 zone 參數同譯註 1。

譯註 3 可以完成以上 update 指令後，console 會帶出一段訊息告訴你到哪個網址去看叢集內容，或自行從 Kubernetes Engine 的工作負載（workload）檢視亦可。

譯註 4 如果你跟譯者的測試環境一樣 vCPU 資源有限，不妨把 replicas 數目調低一點——譬如 12，一樣可以達到擴充成 3 個節點的效果。

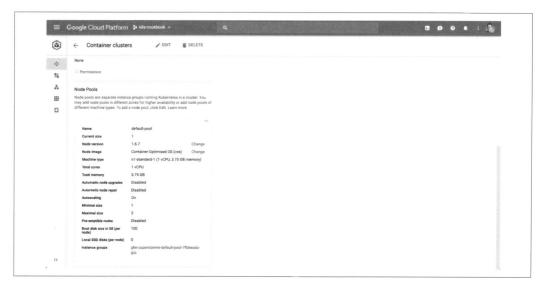

圖 9-1　Google Cloud console 畫面，圖中顯示的是一開始的單一節點叢集規模

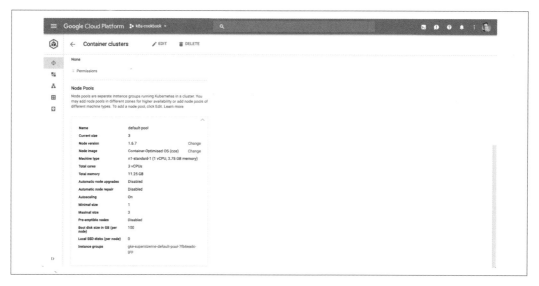

圖 9-2　Google Cloud console 畫面，圖中顯示的是已擴大為三個節點的叢集外觀

圖 9-3 顯示的是互動全程：

- 在左上角的會談視窗，你可以看到負載（建立了 15 個 pod，然後觸發叢集規模縮減的事件）。

- 在右上角的會談視窗，你可以看到 gcloud 指令啟用了叢集的自動調整功能。

- 在下方的會談視窗，你可以看到 kubectl get nodes --watch 指令的輸出，它顯示現有的節點。[譯註]

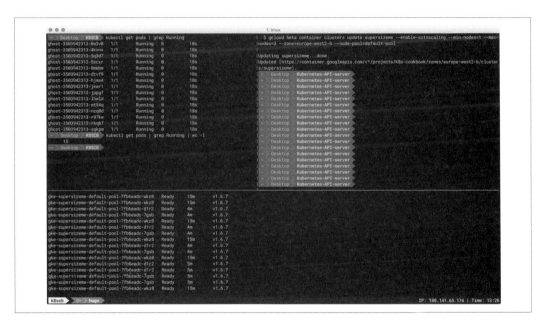

圖 9-3 終端機會談畫面，圖中顯示的是正在進行自動調整中的叢集

注意，node pool 裡所有的節點應該都具備相同的容量、標籤，也執行了系統 pod。此外請檢查你的配額是否足以讓你指定 node pool 的最大上限。

實驗完後別忘了執行 gcloud container clusters delete supersizeme；不然就等著支付叢集資源的帳單。

[譯註] 注意，由於指令加上 --watch 參數，此處顯示的是三個 node 輪流出現。

參閱

- *kubernetes/autoscaler* 倉庫內的叢集 Autoscaler 文件
  （*https://github.com/kubernetes/autoscaler/tree/master/cluster-autoscaler*）

- GKE 文件裡的叢集 Autoscaler
  （*https://cloud.google.com/kubernetes-engine/docs/concepts/cluster-autoscaler*）

9.3　在 AWS 裡自動重新安排叢集規模

問題

你想讓運行在 AWS EC2 上的 Kubernetes 叢集能依照使用率，自動地增減節點數量。

解法

利用 AWS 的叢集 Autoscaler（*https://github.com/kubernetes/charts/tree/master/stable/cluster-autoscaler*），這是一個運用了 AWS autoscaling groups 的 Helm 套件。如果你還未安裝 Helm，請先參閱招式 14.1。

9.4　在 GKE 上使用水平自動調整 Pod

問題

你想要按照現有的負載自動地增減部署的 pod 數量。

解法

使用水平的 Pod Autoscaler（Horizontal Pod Autoscaler, HPA），方法如下述。

首先建立一支應用程式（一個 PHP 的環境和伺服器），這樣才可以當成 HPA 的標的：

```
$ kubectl run appserver --image=gcr.io/google_containers/hpa-example \
                        --requests=cpu=200m --expose --port=80譯註
service "appserver" created
  |NAME   ZONE              MASTER_VERSION
deployment "appserver" created
```

接著建立一個 HPA，並將觸發 autoscaling 的參數定義為 --cpu-percent=40，亦即當 CPU 使用率超過 4 成時就會引發規模變動：

```
$ kubectl autoscale deployment appserver --cpu-percent=40 --min=1 --max=5
deployment "appserver" autoscaled

$ kubectl get hpa --watch
NAME        REFERENCE             TARGETS        MINPODS  MAXPODS  REPLICAS  AGE
appserver   Deployment/appserver  <unknown> / 40%  1        5        0        14s
```

在另一個終端機會談視窗裡觀察部署狀態：

```
$ kubectl get deploy appserver --watch
```

最後用第三個終端機會談視窗啟動一個負載產生器：

```
$ kubectl run -i -t loadgen --image=busybox /bin/sh
If you don't see a command prompt, try pressing enter.

/ # while true; do wget -q -O- http://appserver.default.svc.cluster.local; done
```

由於一共有三個終端機會談視窗同時開啟，整體情形請參閱圖 9-4。

在圖 9-5 裡，各位可以看到 HPA 對於 appserver 這個部署的成效，這次用的是 Kubernetes 的儀表板。

譯註 若前一節的叢集還沒砍掉，拿來練習時會遇上 vCPU 不足的問題。譯者自己便另建一個每一 node 有 2 vCPU 的 Kubernetes 叢集，並且要記得 gcloud container clusters get-credentials 用確認 kubectl 可以存取這個新叢集。

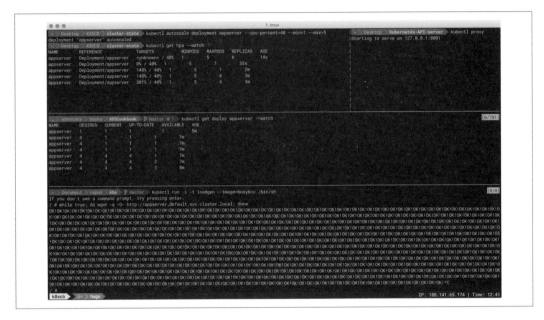

圖 9-4　設置 HPA 的終端機會談視窗一覽

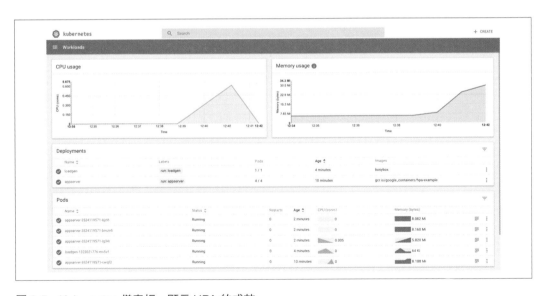

圖 9-5　Kubernetes 儀表板，顯示 HPA 的成效

探討

此處所述的自動調整方式，會透過 HPA 控制器自動地增減抄本數量，而控制器是受到 HPA 資源節制的。這個控制器是 Kubernetes controller manager 在控制面的一部份，它會透過叢集中每個節點上執行的 cAdvisor 實例來檢查 pod 的衡量值，再由 Heapster 彙整。HPA 控制器會計算要多少份抄本才能滿足 HPA 資源中所定義的衡量標準。[1] 根據此一計算，HPA 控制器會調適目標資源（如某個部署）的抄本數目。

注意，自動調整有時十分詭異，而且光是調整像是 CPU 或 RAM 使用率之類的低階衡量，也未必有效。如果做得到，請試試應用程式層面的自訂衡量參數（*https://blog.openshift.com/kubernetes-1-8-now-custom-metrics/*）。

參閱

- 水平 Pod Autoscaler 演練
  （*https://kubernetes.io/docs/tasks/run-application/horizontal-pod-autoscale-walkthrough/*）

- Jerzy Szczepkowski 與 Marcin Wielgus 的部落格貼文「Kubernetes 裡的自動調整」
  （"Autoscaling in Kubernetes"，*http://blog.kubernetes.io/2016/07/autoscaling-in-kubernetes.html*）

- GKE 中的自動調整示範（*https://github.com/mhausenblas/k8s-autoscale*）

---

1 參閱 GitHub 的 Kubernetes 社群「自動調整的演算法」（"Autoscaling Algorithm"，*https://github.com/kubernetes/community/blob/master/contributors/design-proposals/autoscaling/horizontal-pod-autoscaler.md#autoscaling-algorithm*）。

## 第十章

安全性

在 Kubernetes 上運行應用程式，伴隨而來的就是開發人員和運維人員必須共同擔起責任，確保將攻擊點限制在最小、取得的帳號權限也最少，而且所有資源的存取都有清楚的定義。本章會介紹一些可以用來確保叢集和應用程式能安全運行的招式，請善加利用。本章涵蓋招式包括：

- 服務帳號的角色和用途
- 根據角色定義的存取控制（Role-Based Access Control, RBAC）
- 定義 pod 的安全背景環境

10.1　為應用程式提供獨一無二的識別

問題

想為應用程式提供一個獨特的身份識別，以便更精細地調整資源存取。

解法

建立一個服務帳號，並將其應用在 pod 的規格裡。

開始之前，先建立一個名為 myappsa 的新服務帳號，然後仔細觀察它：

```
$ kubectl create serviceaccount myappsa
serviceaccount "myappsa" created

$ kubectl describe sa myappsa
Name:           myappsa
Namespace:      default
Labels:         <none>
Annotations:    <none>

Image pull secrets:     <none>

Mountable secrets:      myappsa-token-rr6jc

Tokens:                 myappsa-token-rr6jc

$ kubectl describe secret myappsa-token-rr6jc
Name:           myappsa-token-rr6jc
Namespace:      default
Labels:         <none>
Annotations:    kubernetes.io/service-account.name=myappsa
                kubernetes.io/service-account.uid=0baa3df5-c474-11e7-8f08...

Type:   kubernetes.io/service-account-token

Data
====
ca.crt:         1066 bytes
namespace:      7 bytes
token:          eyJhbGciOiJSUzI1NiIsInR5cCI6IkpXVCJ9 ...
```

你可以在 pod 裡像這樣使用以上的服務帳號：[譯註]

```
kind:           Pod
apiVersion:     v1
metadata:
  name:         myapp
spec:
  serviceAccountName: myappsa
  containers:
  - name:               main
```

[譯註] 在本書此小節的線上範例中（*https://github.com/k8s-cookbook/recipes/blob/master/ch10/pod-with-sa.yaml*）有一個小小問題；範例把 myappsa 這個帳號開在 sec 這個 namespace 底下，這樣一來底下驗證 pod 使用 serviceaccount 的指令就會沒法用，因為指令只會在 default 這個 namespace 底下尋找 serviceaccount——當然會找不到。因此測試時請把範例中的 namespace 拿掉。或者是本節所有的驗證指令必須加上 -n sec 以便指定操作 sec 這個 namespace。

```
image:          centos:7
command:
  - "bin/bash"
  - "-c"
  - "sleep 10000"
```

然後試著驗證，看看服務帳號 myappsa 是否已正確地套用在你的 pod 裡，請執行：

```
$ kubectl exec myapp -c main cat /var/run/secrets/kubernetes.io/serviceaccount/token
        eyJhbGciOiJSUzI1NiIsInR5cCI6IkpXVCJ9 ...
```

myappsa 服務帳號確實已經掛載到 pod 中預期的位置、並繼續使用它了。

雖然服務帳號本身並非十分有用，它卻是存取控制微調的基礎；詳情可參閱招式 10.2。

探討

要能識別出一個實體（entity），是認證和授權的先決條件。從 API server 的觀點來說，實體分成兩種：一為人、二為應用程式。雖說使用者識別（管理）不在 Kubernetes 的範疇之內，但卻有一個代表應用程式識別的一級資源：就是服務帳號。

從技術上來說，應用程式的認證是透過位在 /var/run/secrets/kubernetes.io/serviceaccount/ token 這個檔案中的權杖（token）來決定的，而檔案則是透過 secret 掛載而來。服務帳號屬於有具名區分的資源（namespaced），以如下方式呈現：

```
system:serviceaccount:$NAMESPACE:$SERVICEACCOUNT
```

列出特定命名空間的服務帳號，會像這樣：

```
$ kubectl get sa
NAME          SECRETS    AGE
default       1          90d
myappsa       1          19m
prometheus    1          89d
```

注意此處名為 default 的服務帳號。它是自動建立的；如果你未曾替 pod 明確設定服務帳號（如以上解法所述），它的命名空間中便會被賦予一個 default 服務帳號。

參閱

- 管理服務帳號
  （*https://kubernetes.io/docs/reference/access-authn-authz/service-accounts-admin/*）

- 為 pod 設定服務帳號
  （*https://kubernetes.io/docs/tasks/configure-pod-container/configure-service-account/*）

- 從私有登錄所（Private Registry）取得映像檔
  （*https://kubernetes.io/docs/tasks/configurepod-container/pull-image-private-registry/*）

10.2 列舉與檢視存取控制資訊

問題

想要知道自己可以做哪些動作，像是更新部署或列出 secret。

解法

以下解法係假設各位會採用依角色決定的存取控制（Role-Based Access Control）做為授權方式（*https://kubernetes.io/docs/admin/authorization/*）。

若要檢查某人是否對某一資源能執行特定動作，請使用 kubectl auth can-i。例如，你可以用這道指令確認某服務帳號 system:serviceaccount:sec:myappsa 是否能列出命名空間 sec 中的所有 pod：

```
$ kubectl auth can-i list pods --as=system:serviceaccount:sec:myappsa -n=sec
yes
```

若你想在 Minikube 試驗這個招式，你得在執行 Minikube start 時在後面加上 --extra-config＝apiserver.Authorization.Mode＝RBAC 才行。譯註

譯註 較新版的 Minikube（譯者使用 0.29.0）必須將參數改成 --extra-config=apiserver.authorization-mode=RBAC 才行，不然 minikube start 執行半途會 hang 住。

若要知道命名空間中有哪些角色，請這樣做：

```
$ kubectl get roles -n=kube-system
NAME                                               AGE
extension-apiserver-authentication-reader          1d
system::leader-locking-kube-controller-manager     1d
system::leader-locking-kube-scheduler              1d
system:controller:bootstrap-signer                 1d
system:controller:cloud-provider                   1d
system:controller:token-cleaner                    1d

$ kubectl get clusterroles -n=kube-system
NAME                                               AGE
admin                                              1d
cluster-admin                                      1d
edit                                               1d
system:auth-delegator                              1d
system:basic-user                                  1d
system:controller:attachdetach-controller          1d
system:controller:certificate-controller           1d
system:controller:cronjob-controller               1d
system:controller:daemon-set-controller            1d
system:controller:deployment-controller            1d
system:controller:disruption-controller            1d
system:controller:endpoint-controller              1d
system:controller:generic-garbage-collector        1d
system:controller:horizontal-pod-autoscaler        1d
system:controller:job-controller                   1d
system:controller:namespace-controller             1d
system:controller:node-controller                  1d
system:controller:persistent-volume-binder         1d
system:controller:pod-garbage-collector            1d
system:controller:replicaset-controller            1d
system:controller:replication-controller           1d
system:controller:resourcequota-controller         1d
system:controller:route-controller                 1d
system:controller:service-account-controller       1d
system:controller:service-controller               1d
system:controller:statefulset-controller           1d
system:controller:ttl-controller                   1d
system:discovery                                   1d
system:heapster                                    1d
```

```
system:kube-aggregator                      1d
system:kube-controller-manager              1d
system:kube-dns                             1d
system:kube-scheduler                       1d
system:node                                 1d
system:node-bootstrapper                    1d
system:node-problem-detector                1d
system:node-proxier                         1d
system:persistent-volume-provisioner        1d
view                                        1d
```

以上輸出顯示的都是預先定義好的角色，你可以直接把它們套用在使用者和服務帳號上。

若要進一步探索特定的角色並了解其動作範圍，就這樣檢查：

```
$ kubectl describe clusterroles/view -n=kube-system
Name:           view
Labels:         kubernetes.io/bootstrapping=rbac-defaults
Annotations:    rbac.authorization.kubernetes.io/autoupdate=true
PolicyRule:
  Resources                               Non-Resource URLs   ...  ...
  ---------                               -----------------   ---  ---
  bindings                                []                  ...  ...
  configmaps                              []                  ...  ...
  cronjobs.batch                          []                  ...  ...
  daemonsets.extensions                   []                  ...  ...
  deployments.apps                        []                  ...  ...
  deployments.extensions                  []                  ...  ...
  deployments.apps/scale                  []                  ...  ...
  deployments.extensions/scale            []                  ...  ...
  endpoints                               []                  ...  ...
  events                                  []                  ...  ...
  horizontalpodautoscalers.autoscaling    []                  ...  ...
  ingresses.extensions                    []                  ...  ...
  jobs.batch                              []                  ...  ...
  limitranges                             []                  ...  ...
  namespaces                              []                  ...  ...
  namespaces/status                       []                  ...  ...
  persistentvolumeclaims                  []                  ...  ...
  pods                                    []                  ...  ...
  pods/log                                []                  ...  ...
  pods/status                             []                  ...  ...
  replicasets.extensions                  []                  ...  ...
  replicasets.extensions/scale            []                  ...  ...
  replicationcontrollers                  []                  ...  ...
```

```
replicationcontrollers/scale           []                    ...  ...
replicationcontrollers.extensions/scale []                    ...  ...
replicationcontrollers/status           []                    ...  ...
resourcequotas                          []                    ...  ...
resourcequotas/status                   []                    ...  ...
scheduledjobs.batch                     []                    ...  ...
serviceaccounts                         []                    ...  ...
services                                []                    ...  ...
statefulsets.apps                       []                    ...  ...
```

除了在 kube-system 這個命名空間中定義好的預設角色之外，你也可以自訂角色；參閱招式 10.3 的說明。

 一但啟用 RBAC，當你在多數環境中（也包括 Minikube 與 GKE）嘗試取用 Kubernetes 儀表板時，可能都會看到 Forbidden (403) 的狀態碼和如下的錯誤訊息[譯註]：

> User "system:serviceaccount:kube-system:default" cannot list pods in the namespace "sec". (get pods)

要能看到儀表板，必須先給予 kubesystem:default 這個服務帳號必要的權限：

```
$ kubectl create clusterrolebinding admin4kubesystem \
  --clusterrole=cluster-admin \
  --serviceaccount=kube-system:default
```

注意這道指令會讓服務帳號權力大增，因此不建議在正式環境中這樣做。

探討

如圖 10-1 所示，當你處理到 RBAC 授權模式時，必須面對這幾種元件：

- 實體（entity）──亦即一個群組帳號、使用者帳號、或是服務帳號
- 一個資源，像是 pod、服務或 secret

[譯註] 意為 "system:serviceaccount:kube-system:default" 這個使用者無法列舉命名空間 "sec" 裡的 pod，也就是不能 get pods。

- 一個角色，它為資源定義了動作的規範
- 與角色繫結，亦即將角色套用在某個實體上

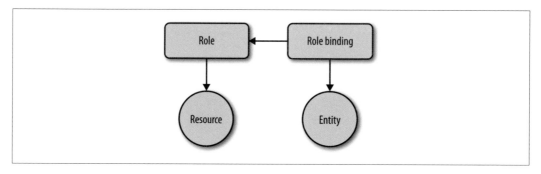

圖 10-1　RBAC 的概念

在一個角色規範中所定義可以對資源採取的動作，也就是動詞部份，包括：

- `get`、`list`、`watch`
- `create`
- `update`/`patch`
- `delete`

至於角色，我們還將其分為兩類：

- 叢集內的：叢集角色和它們對應的叢集角色繫結
- 命名空間內的：角色和角色繫結

在招式 10.3 裡，我們會進一步探討如何建立你自己的角色，並套用到使用者和資源上。

參閱

- Kubernetes 授權概觀（*https://kubernetes.io/docs/admin/authorization/*）
- 使用 RBAC 授權（*https://kubernetes.io/docs/admin/authorization/rbac/*）

10.3 控制資源的存取

問題

你想針對某個使用者或應用程式授與或拒絕特定的動作，如檢視 secret 或更新一份部署。

解法

假設你要把某個應用程式限制成只能檢視 pod（亦即列出 pod 並觀察其詳情）。你得先從 pod 的定義、也就是 *pod-with-sa.yaml* 這個 YAML 項目清單著手，同時運用專屬的服務帳號 myappsa（參閱招式 10.1）：

```
kind:              Pod
apiVersion:        v1
metadata:
  name:            myapp
  namespace:       sec
spec:
  serviceAccountName: myappsa
  containers:
  - name:          main
    image:         centos:7
    command:
      - "bin/bash"
      - "-c"
      - "sleep 10000"
```

接著你要用項目清單 *pod-reader.yaml* 定義一個角色（姑且稱之為 podreader 好了），其中定義了對何種資源可以有哪些動作：

```
kind:        Role
apiVersion:  rbac.authorization.k8s.io/v1beta1
metadata:
  name:      podreader
  namespace: sec
rules:
- apiGroups: [""]
  resources: ["pods"]
  verbs:     ["get", "list"]
```

最後的一步（最後不代表不重要），把 podreader 這個角色和服務帳號 myappsa 綁在一起，方法是透過 *pod-reader-binding.yaml* 這個角色繫結定義：

```
kind:          RoleBinding
apiVersion:    rbac.authorization.k8s.io/v1beta1
metadata:
  name:        podreaderbinding
  namespace: sec
roleRef:
  apiGroup:    rbac.authorization.k8s.io
  kind:        Role
  name:        podreader
subjects:
- kind:        ServiceAccount
  name:        myappsa
  namespace: sec
```

這樣一來，在建立對應的資源時，你就可以直接引用以上的 YAML 項目清單（假設服務帳號也已建好了）：

```
$ kubectl create -f pod-reader.yaml
$ kubectl create -f pod-reader-binding.yaml
$ kubectl create -f pod-with-sa.yaml
```

如果不透過項目清單來定義角色和角色繫結，也可以如下這般建立它們：

```
$ kubectl create role podreader \
          --verb=get --verb=list \
          --resource=pods -n=sec

$ kubectl create rolebinding podreaderbinding \
          --role=sec:podreader \
          --serviceaccount=sec:myappsa \
          --namespace=sec -n=sec
```

注意這是一個針對命名空間設置的存取控制案例，因為你用到了角色和角色繫結。如果是叢集內的存取控制，你就得用到對應的 create clusterrole 和 create clusterrolebinding 等指令。

有時你很難判定是該使用角色或叢集角色來搭配角色繫結,因此以下有幾項首要事項,應該會很有用:

- 若想限制存取某命名空間內的資源(如服務或 pod),就使用角色和角色繫結(如招式中所述)。
- 若想在多個命名空間中重複利用某個角色,就改用叢集角色和叢集角色繫結。
- 若要限制存取的是遍及叢集內的資源,像是節點或跨越所有命名空間的具名資源,就該使用叢集角色和叢集角色繫結。

參閱

- 在你的 Kubernetes 叢集中設置 RBAC
  (*https://docs.bitnami.com/kubernetes/how-to/configure-rbac-in-your-kubernetes-cluster/*)
- Antoine Cotton 的部落格貼文「Kubernetes 1.7 版的安全實務」
  ("*Kubernetes v1.7 Security in Practice*",*https://acotten.com/post/kube17-security*)

10.4　保護 Pod

問題

想替某個應用程式定義一個 pod 層級的安全背景。例如,要以非特權模式的程序來運行一個應用程式、或是限制該應用程式可以掛載的卷冊類型。

解法

為了在 Kubernetes 的 pod 層級實施政策,必須在 pod 的規格中使用 securityContext 欄位。

假設你以非 root 的使用者身份執行應用程式,你必須使用容器層級的安全背景,如以下項目清單 *securedpod.yaml* 所示:

```
kind:              Pod
apiVersion:        v1
metadata:
  name:            secpod
spec:
  containers:
  - name:          shell
    image:         centos:7
    command:
      - "bin/bash"
      - "-c"
      - "sleep 10000"
    securityContext:
      runAsUser:   5000
```

現在建立一個 pod，並檢查容器運行所憑藉的使用者身份：

```
$ kubectl create -f securedpod.yaml
pod "secpod" created

$ kubectl exec secpod ps aux
USER       PID %CPU %MEM    VSZ   RSS TTY      STAT START   TIME COMMAND
5000         1  0.0  0.0   4328   672 ?        Ss   12:39   0:00 sleep 10000
5000         8  0.0  0.1  47460  3108 ?        Rs   12:40   0:00 ps aux
```

不出所料，它執行的身份 ID 是 5000。注意你也可以利用 pod 層級的 securityContext 欄位為之，而不必在特定的容器中這樣做。

要在 pod 層級實施政策，更有力的方式是利用所謂的 pod 安全政策（pod security policies, PSP）。它屬於叢集內的資源，可以用來定義政策的範圍，包括一些類似你在此處見到的內容，但僅限於儲存和網路。若想體驗一下如何使用 PSP，請參閱 Kubernetes 的 Bitnami 文件「如何以 pod 安全政策保護 Kubernetes 叢集」（*https://docs.bitnami.com/kubernetes/how-to/secure-kubernetes-cluster-psp/*）。

參閱

- Pod 安全政策文件（*https://kubernetes.io/docs/concepts/policy/pod-security-policy/*）

- 為 Pod 或容器設置安全背景
  （*https://kubernetes.io/docs/tasks/configure-pod-container/security-context/*）

## 第十一章

監控與日誌紀錄

本章關注的重點是跟監控與日誌紀錄有關的招式，不論是在基礎設施、還是應用程式層面皆然。在 Kubernetes 的背景環境裡，不同的角色通常都有不同的領域（scopes）：

- *Administrator roles*，例如叢集管理員、網路運作人員、或只是命名空間層級的管理員，都是以基礎設施的角度來看的。典型的問題包括：節點是否健康？是否該添加一個 worker 節點？叢集的使用率如何？使用者配額是否已經接近用盡邊緣？

- *Developer roles* 主要的思考和動作範圍，均以其應用程式為背景，其數目在整個微服務的生涯中大概不會超過一打。舉例來說，某個身負開發者角色的人或許會想：我是否配置了足夠的資源來運行應用程式？我的應用程式應該延伸到多少份抄本才夠用？我是否使用了正確的卷冊、其空間是否還充裕？還有我的應用程式是否出了問題，若有，問題何在？

我們將先探討跟叢集內部監控有關的招式，它們都需要 Kubernetes 的 liveness 和 readiness 這兩種探針（probe）的協助，接著再鑽研如何以 Heapster（*https://github.com/kubernetes/heapster*）和 Prometheus（*https://prometheus.io/*）進行監控，最後才來探討與日誌紀錄有關的招式。

11.1 取用容器的日誌紀錄

問題

你想要取用運行在某個 pod 容器內應用程式的日誌紀錄。

解法

使用 kubectl logs 指令。要觀察其選項、檢查使用方式，就這樣做：

```
$ kubectl logs --help | more
Print the logs for a container in a pod or specified resource. If the pod has only
one container, the container name is optional.

Aliases:
logs, log

Examples:
  # Return snapshot logs from pod nginx with only one container
  kubectl logs nginx
...
```

舉例來說，若某個 pod 是由某個部署啟動的（參閱招式 4.1），就可以這般檢查紀錄：

```
$ kubectl get pods
NAME                      READY    STATUS     RESTARTS    AGE
ghost-8449997474-kn86m    1/1      Running    0           1m

$ kubectl logs ghost-8449997474-kn86m
[2017-12-16 18:44:18] INFO Creating table: posts
[2017-12-16 18:44:18] INFO Creating table: users
[2017-12-16 18:44:18] INFO Creating table: roles
[2017-12-16 18:44:18] INFO Creating table: roles_users
...
```

 如果某個 pod 內有數個容器，你可以利用 kubectl logs 的 -c 選項，透過
指定容器名稱來取得任一者的日誌紀錄。

11.2　利用 Liveness 探針從損壞狀態中復原

問題

你想要確認，如果在某些 pod 裡運行的應用程式發生損壞，Kubernetes 會自動重啟這些 pod。

解法

利用 liveness 探針[1]。如果探針偵測失敗，kubelet 便會自動重啟 pod。探針本身屬於 pod 規格的一部份，放在 containers 區段裡。Pod 裡的每一個容器都可以安放一個 liveness 探針。

探針可分成三種類型：它可以是一個在容器中執行的指令、或是一個由容器裡的網頁伺服器提供的 HTTP 特定路徑請求、甚至是更通用的 TCP 探針。

下例便是一個基本的 HTTP 探針：

```
apiVersion:    v1
kind:          Pod
metadata:
  name:        liveness-nginx
spec:
  containers:
  - name:      liveness
    image:     nginx
    livenessProbe:
      httpGet:
        path: /
        port: 80
```

完整範例請參閱招式 11.4。

---

[1]　Kubernetes 官 網「 設 定 Liveness 和 Readiness 探 針 "（"Configure Liveness and Readiness Probes"，*https://kubernetes.io/docs/tasks/configure-pod-container/configure-liveness-readiness-probes/#define-a-liveness-command*）。

參閱

- Kubernetes 容器探針文件

  （*https://kubernetes.io/docs/concepts/workloads/pods/pod-lifecycle/#container-probes*）。

11.3 利用 Readiness 探針控制進入 pod 的流量

問題

你的 pod 都已根據 liveness 探針建置和執行（參閱招式 11.2），但你只想等到應用程式都已準備好接受請求時，才讓流量進入 pod。

解法

在 pod 規格中加上 readiness 探針[2]。就像 liveness 探針一樣，readiness 探針也分成三種（詳情請參閱文件）。以下是一個簡單直接的範例，使用 nginx 的 Docker 映像檔來運行單一 pod。這個 readiness 探針會對 80 號通訊埠發出一個 HTTP 請求：

```
apiVersion:    v1
kind:          Pod
metadata:
  name:        readiness-nginx
spec:
  containers:
  - name:      readiness
    image:     nginx
    readinessProbe:
      httpGet:
        path:  /
        port:  80
```

---

[2] Kubernete 官網「定義 readiness 探針」（"Define readiness probes"，*https://kubernetes.io/docs/tasks/configure-pod-container/configure-liveness-readiness-probes/#define-readiness-probes*）。

探討

雖說這個招式中的 readiness 探針，跟招式 11.2 裡的 liveness 探針看似一樣，但它們的本質並不相同，因為兩種探針的目的就是要各自提供不同面向的應用程式資訊。Liveness 探針會檢查應用程式的程序是否存活，但可能還未準備好接收請求。而 readiness 探針則會檢查應用程式是否已可正確地服務請求。因此，只有通過 readiness 探針檢查時，才代表 pod 已經成為服務的一部份（參閱招式 5.1）。

參閱

- Kubernetes 官網容器探針文件
  （*https://kubernetes.io/docs/concepts/workloads/pods/pod-lifecycle/#container-probes*）

11.4 把 Liveness 和 Readiness 探針加入到 部署之中

問題

你想要能自動地檢查應用程式是否健康，並且在發生異常時讓 Kubernetes 採取因應動作。

解法

為了讓 Kubernetes 知悉你的應用程式狀態，就要加上 liveness 和 readiness 探針，作法如下述。

起點自然是部署的項目清單檔案 *webserver.yaml*：

```
apiVersion:         extensions/v1beta1
kind:               Deployment
metadata:
  name:             webserver
spec:
  replicas:         1
  template:
    metadata:
      labels:
        app:        nginx
```

```
    spec:
      containers:
      - name:              nginx
        image:             nginx:stable
        ports:
        - containerPort: 80
```

Liveness 和 readiness 探針皆定義在 pod 規格的 **containers** 區段當中。請參閱範例介紹（即招式 11.2 和 11.3 所述），並將以下內容加入到部署 pod 範本的容器規格當中：

```
    ...
        livenessProbe:
          initialDelaySeconds: 2
          periodSeconds: 10
          httpGet:
            path: /
            port: 80
        readinessProbe:
          initialDelaySeconds: 2
          periodSeconds: 10
          httpGet:
            path: /
            port: 80
    ...
```

現在你可以啟動並觀察探針了：

```
$ kubectl create -f webserver.yaml

$ kubectl get pods
NAME                        READY    STATUS     RESTARTS    AGE
webserver-4288715076-dk9c7  1/1      Running    0           2m

$ kubectl describe pod/webserver-4288715076-dk9c7
Name:          webserver-4288715076-dk9c7
Namespace:     default
Node:          node/172.17.0.128
...
Status:        Running
IP:            10.32.0.2
Controllers:   ReplicaSet/webserver-4288715076
Containers:
```

```
nginx:
  ...
  Ready:          True
  Restart Count:  0
  Liveness:       http-get http://:80/ delay=2s timeout=1s period=10s #...
...
```

注意以上 kubectl describe 指令的輸出已經作過編排，只留下重點；但事實上的資訊還要更豐富，只不過都跟我們關心的問題無關罷了。

探討

為了驗證 pod 中的容器是否健康、以及是否準備好提供服務起見，Kubernetes 提供了一系列的健康檢查機制。健康檢查的工具其實就是 Kubernetes 裡的**探針**（*probe*），都是在容器層級加以定義的，而非 pod 層級，主要由兩種互異的元件負責執行：

- 每個 worker 節點裡的 kubelet，都會透過規格裡的 livenessProbe 這個指示語句來決定何時應重啟容器。這些 liveness 探針有助於克服 ramp-up 或是鎖死等問題。

- 一組 pod 的服務負載平衡，係由 readinessProbe 這個指示語句來決定某個 pod 是否已準備好可以接收處理流量。如若不然，它便會被排除在該項服務的端點集合之外。注意，只有當一個 pod 中所有的容器都已準備好時，這個 pod 才會被視為已經準備好服務了。

何時應該使用哪一種探針？老實說這要看容器的行為而定。如果你的容器可以、而且應當在探針發現錯誤時便加以清除和重啟，則應採用 liveness 探針、以及 Always 或 OnFailure 這二者之一的 restartPolicy。如果你只想在 pod 已準備好時才讓它接收流量，就該使用 readiness 探針。請注意，對後者而言，readiness 探針的效果其實和 liveness 探針相同。

參閱

- 設置 Liveness 和 Readiness 探針
  （*https://kubernetes.io/docs/tasks/configure-pod-container/configure-liveness-readiness-probes/*）

- Pod 的生命週期說明文件
  （*https://kubernetes.io/docs/concepts/workloads/pods/pod-lifecycle/*）

- Init 容器說明文件（*https://kubernetes.io/docs/concepts/workloads/pods/init-containers/*）
（1.6 版後才趨於穩定）

11.5 在 Minikube 上啟用 Heapster 以便監控資源

問題

你想要在 Minikube 裡使用 kubectl top 指令來監控資源使用狀況，但看起來 Heapster 這個附加功能並未執行：

```
$ kubectl top pods
Error from server (NotFound): the server could not find the requested resource
(get services http:heapster:)
```

解法

最新版的 minikube 指令其實已包含附加功能管理工具（add-on manager），你可以藉此啟用 Heapster 之類的附加功能（像是入口控制器），而且一道命令就能做到：

```
$ minikube addons enable heapster
```

啟用 Heapster 這個附加功能，會連帶在命名空間 kube-system 中建立兩個 pod：一個負責執行 Heapster、另一個則負責執行 InfluxDB（*https://www.influxdata.com/*）時序資料庫（time-series database）、以及 Grafana（*https://grafana.com/grafana*）儀表板這兩套軟體工具。

幾分鐘後，一旦蒐集到第一筆衡量值，kubectl top 指令就能如預期般傳回資源的使用指標：

```
$ kubectl top node
NAME        CPU(cores)   CPU%     MEMORY(bytes)   MEMORY%
minikube    187m         9%       1154Mi          60%

$ kubectl top pods --all-namespaces
NAMESPACE      NAME                        CPU(cores)   MEMORY(bytes)
default        ghost-2663835528-fb044      0m           140Mi
kube-system    kube-dns-v20-4bkhn          3m           12Mi
kube-system    heapster-6j5m8              0m           21Mi
```

```
kube-system    influxdb-grafana-vw9x1          23m    37Mi
kube-system    kube-addon-manager-minikube     47m    3Mi
kube-system    kubernetes-dashboard-scsnx      0m     14Mi
kube-system    default-http-backend-75m71      0m     1Mi
kube-system    nginx-ingress-controller-p8fmd  4m     51Mi
```

現在你也可以存取 Grafana 儀表板、並自訂你喜好的外觀了：

```
$ minikube service monitoring-grafana -n kube-system
Waiting, endpoint for service is not ready yet...
Waiting, endpoint for service is not ready yet...
Waiting, endpoint for service is not ready yet...
Waiting, endpoint for service is not ready yet...
Opening kubernetes service kube-system/monitoring-grafana in default browser...
```

執行以上指令後，你的預設瀏覽器應該就會自動地開啟、而你也可以看到像圖 11-1 一般的內容了。

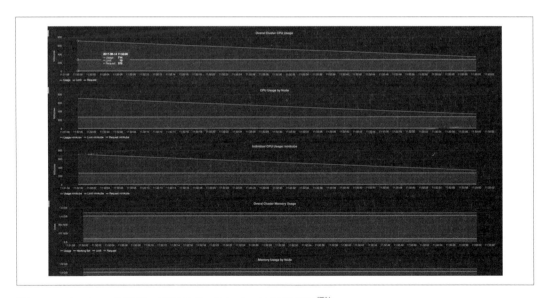

圖 11-1　Grafana 儀表板，顯示的是 Minikube 的衡量指標[譯註]

注意你可以從此深入 Grafana 鑽研各種衡量指標了。

[譯註] Grafana 預設畫面是 Home，你得切換到 Cluster 面才能看到 Minikube 的效能圖。

11.6　在 Minikube 上使用 Prometheus

問題

你想要在單一位置檢視和查詢叢集中系統與應用程式的衡量指標。

解法

採用 Prometheus，做法如下述：

1. 建立一個 config map，內含 Prometheus 的組態設定。

2. 為 Prometheus 設置一個服務帳號，並透過 RBAC 指派權限（參閱招式 10.3）給這個服務帳號（參閱招式 10.1），允許它取用任何衡量值。

3. 為 Prometheus 建立一個內含一份部署、一個服務和入口資源的應用程式，這樣才能透過瀏覽器、從叢集外部取用它。

首先，你必須利用 `ConfigMap` 物件設置 Prometheus 的組態資訊（參閱招式 8.3 對 config maps 的說明）。稍後在 Prometheus 應用程式中還會用到它。建立一個名為 *prometheus. yml* 的檔案，內有 Prometheus 的組態資訊如下：

```
global:
  scrape_interval:      5s
  evaluation_interval:  5s
scrape_configs:
- job_name:             'kubernetes-nodes'
  scheme:               https
  tls_config:
    ca_file:            /var/run/secrets/kubernetes.io/serviceaccount/ca.crt
    server_name:        'gke-k8scb-default-pool-be16f9ee-522p'
    insecure_skip_verify: true
  bearer_token_file:    /var/run/secrets/kubernetes.io/serviceaccount/token
  kubernetes_sd_configs:
  - role:               node
  relabel_configs:
  - action:             labelmap
    regex:              __meta_kubernetes_node_label_(.+)
- job_name:             'kubernetes-cadvisor'
  scheme:               https
  tls_config:
```

```
  ca_file:               /var/run/secrets/kubernetes.io/serviceaccount/ca.crt
 bearer_token_file:      /var/run/secrets/kubernetes.io/serviceaccount/token
 kubernetes_sd_configs:
 - role:                 node
 relabel_configs:
 - action:               labelmap
   regex:                __meta_kubernetes_node_label_(.+)
 - target_label:         __address__
   replacement:          kubernetes.default.svc:443
 - source_labels:        [__meta_kubernetes_node_name]
   regex:                (.+)
   target_label:         __metrics_path__
   replacement:          /api/v1/nodes/${1}:4194/proxy/metrics
```

然後藉以建立 config map：

```
$ kubectl create configmap prom-config-cm --from-file=prometheus.yml
```

接下來要在項目清單檔案 *prometheus-rbac.yaml* 裡設置 Prometheus 服務帳號及角色繫結
（權限）如下：

```
apiVersion:   v1
kind:         ServiceAccount
metadata:
  name:       prometheus
  namespace:  default
---
apiVersion:   rbac.authorization.k8s.io/v1beta1
kind:         ClusterRoleBinding
metadata:
  name:       prometheus
roleRef:
  apiGroup:   rbac.authorization.k8s.io
  kind:       ClusterRole
  name:       cluster-admin
subjects:
- kind:       ServiceAccount
  name:       prometheus
  namespace:  default
```

利用這個項目清單，就能建立服務帳號和角色繫結了：

```
$ kubectl create -f prometheus-rbac.yaml
```

現在你已萬事皆備（包括組態設定和存取權限），可以著手處理 Prometheus 應用程式了。記住，應用程式要包含一份部署、一個服務和一個入口資源，並運用方才準備好的 config map 和服務帳號。

接下來就是準備 Prometheus 應用程式的項目清單 *prometheus-app.yaml*：

```
kind:                           Deployment
apiVersion:                     extensions/v1beta1
metadata:
  name:                         prom
  namespace:                    default
  labels:
    app:                        prom
spec:
  replicas:                     1
  selector:
    matchLabels:
      app:                      prom
  template:
    metadata:
      name:                     prom
      labels:
        app:                    prom
    spec:
      serviceAccount:           prometheus
      containers:
      - name:                   prom
        image:                  prom/prometheus
        imagePullPolicy:        Always
        volumeMounts:
        - name:                 prometheus-volume-1
          mountPath:            "/prometheus"
        - name:                 prom-config-volume
          mountPath:            "/etc/prometheus/"
      volumes:
      - name:                   prometheus-volume-1
        emptyDir:               {}
      - name:                   prom-config-volume
        configMap:
          name:                 prom-config-cm
          defaultMode:          420
---
kind:                           Service
apiVersion:                     v1
metadata:
```

```
    name:                               prom-svc
    labels:
       app:                             prom
spec:
  ports:
  - port:                               80
    targetPort:                         9090
  selector:
     app:                               prom
  type:                                 LoadBalancer
  externalTrafficPolicy:                Cluster
---
kind:                                   Ingress
apiVersion:                             extensions/v1beta1
metadata:
  name:                                 prom-public
  annotations:
     ingress.kubernetes.io/rewrite-target: /
spec:
  rules:
  - host:
    http:
      paths:
      - path:                           /
        backend:
          serviceName:                  prom-svc
          servicePort:                  80
```

現在你可以建立應用程式了：

```
$ kubectl create -f prometheus-app.yaml
```

恭喜！你剛剛已建立了一套成熟的應用程式。現在可以從 $MINISHIFT_IP/graph 取用 Prometheus 了（如 https://192.168.99.100/graph）^{譯註}，而且應當可以看到如同圖 11-2 的內容。

---

^{譯註} 記得嗎？這是 Minikube 叢集的預設 IP。

圖 11-2　Prometheus 畫面

探討

Prometheus 是一套強大、富於彈性的監控暨警訊系統。你可以運用它，甚至它所含的任一儀表程式庫（*https://prometheus.io/docs/instrumenting/clientlibs/*），來讓應用程式回報高階的衡量指標，如已進行的交易數量，就像 kubelet 會回報 CPU 使用量一樣。

雖說 Prometheus 既快速又便於擴充，你或許也想用其他的工具來檢視衡量指標。最典型的方式便是用 Grafana 來連結（*https://prometheus.io/docs/visualization/grafana/*）。

使用 Prometheus 搭配 1.7.0 至 1.7.2 版的 Kubernetes 時，有一個已知的問題（*https://github.com/prometheus/prometheus/issues/2916*），這是因為 kubelet 提供容器衡量指標的行為模式，自 1.7.0 版起有所變動之故。

注意以上解法中所示的 Prometheus 組態，對 1.7.0 到 1.7.2 版皆為有效；如果你使用 1.7.3 版之後的版本，就必須參照 Prometheus 組態檔範例（*https://github.com/prometheus/prometheus/blob/master/documentation/examples/prometheus-kubernetes.yml#L88*），以便得知何處需要修正。

注意此處所述解法並不限於只能用在 Minikube 上。事實上，只要你能建立服務帳號（亦即你有足夠的權力對 Prometheus 授權），就可以在 GKE、ACS 或 OpenShift 等環境當中運用同樣的解法。

參閱

- Prometheus 官方文件的儀表化說明
  （*https://prometheus.io/docs/practices/instrumentation/*）

- Prometheus 官方文件的 Grafana 與 Prometheus 搭配說明
  （*https://prometheus.io/docs/visualization/grafana/*）

11.7　在 Minikube 上使用 Elasticsearch–Fluentd–Kibana (EFK)

問題

想要在單一位置檢視和查詢叢集中所有應用程式的日誌紀錄。

解法

你應該使用 Elasticsearch、Fluentd（*https://www.fluentd.org/*）、以及 Kibana（*https://www.elastic.co/products/kibana*），方法如下述。

為準備起見，請確認 Minikube 已擁有充裕的資源。如加上 --cpus=4 --memory=4000，並確認入口附加功能（ingress add-on）已經啟用：

```
$ minikube start
Starting local Kubernetes v1.7.0 cluster...
Starting VM...
Getting VM IP address...
Moving files into cluster...
Setting up certs...
Starting cluster components...
Connecting to cluster...
Setting up kubeconfig...
Kubectl is now configured to use the cluster.

$ minikube addons list | grep ingress
- ingress: enabled
```

若是入口附加功能尚未啟用，請啟用它：

```
$ minikube addons enable ingress
```

接著就是建立名為 *efk-logging.yaml* 的項目清單，內容如下：

```
kind:                              Ingress
apiVersion:                        extensions/v1beta1
metadata:
  name:                            kibana-public
  annotations:
    ingress.kubernetes.io/rewrite-target: /
spec:
  rules:
  - host:
    http:
      paths:
      - path:                      /
        backend:
          serviceName:             kibana
          servicePort:             5601
---
kind:                              Service
apiVersion:                        v1
metadata:
  labels:
    app:                           efk
  name:                            kibana
```

```
spec:
  ports:
  - port:                           5601
  selector:
    app:                            efk
---
kind:                               Deployment
apiVersion:                         extensions/v1beta1
metadata:
  name:                             kibana
spec:
  replicas:                         1
  template:
    metadata:
      labels:
        app:                        efk
    spec:
      containers:
      - env:
        - name:                     ELASTICSEARCH_URL
          value:                    http://elasticsearch:9200
        name:                       kibana
        image:                      docker.elastic.co/kibana/kibana:5.5.1
        ports:
          - containerPort:          5601
---
kind:                               Service
apiVersion:                         v1
metadata:
  labels:
    app:                            efk
  name:                             elasticsearch
spec:
  ports:
  - port:                           9200
  selector:
    app:                            efk
---
kind:                               Deployment
apiVersion:                         extensions/v1beta1
metadata:
  name:                             es
spec:
  replicas:                         1
  template:
    metadata:
```

```
      labels:
        app:                      efk
    spec:
      containers:
      - name:                     es
        image:                    docker.elastic.co/elasticsearch/
                                  elasticsearch:5.5.1

        ports:
        - containerPort:          9200
        env:
        - name:                   ES_JAVA_OPTS
          value:                  "-Xms256m -Xmx256m"
---
kind:                             DaemonSet
apiVersion:                       extensions/v1beta1
metadata:
  name:                           fluentd
spec:
  template:
    metadata:
      labels:
        app:                      efk
        name:                     fluentd
      spec:
        containers:
        - name:                   fluentd
          image:                  gcr.io/google_containers/fluentd-
                                  elasticsearch:1.3

          env:
          - name:                 FLUENTD_ARGS
            value:                -qq
          volumeMounts:
          - name:                 varlog
            mountPath:            /varlog
          - name:                 containers
            mountPath:            /var/lib/docker/containers
        volumes:
          - hostPath:
              path:               /var/log
            name:                 varlog
          - hostPath:
              path:               /var/lib/docker/containers
            name:                 containers
```

現在你可以啟動 EFK 堆疊了：

```
$ kubectl create -f efk-logging.yaml
```

一旦萬事皆備，請用以下身份登入 Kibana：[譯註1]

- 使用者名稱：kibana

- 密碼：changeme

請點閱 https://$IP/app/kibana#/discover?_g=() 的 Discover 頁籤，從此處開始探索日誌紀錄。

若你想清理和 / 或重啟 EFK 堆疊，可以這樣做：

```
$ kubectl delete deploy/es && \
  kubectl delete deploy/kibana && \
  kubectl delete svc/elasticsearch && \
  kubectl delete svc/kibana && \
  kubectl delete ingress/kibana-public && \
  kubectl delete daemonset/fluentd
```

探討

用 Logstash 也可以達到輸送日誌紀錄的效果。我們決定在解法中採用 Fluentd，是因為它屬於 CNCF 專案、頗受矚目之故。

注意，Kibana 可能要花點時間才能啟動，而你也許需要一再地重新載入網頁應用程式，才能看到配置內容。[譯註2]

[譯註1] 在 Minikube 環境下，登入前可先執行 kubectl port-forwardpod/kibana-9644b657c-72xww 5601（注意此處請填入你自己的 kibana pod 名稱），如此便可把 kibana pod 的 tcp 5601 埠導向執行 minikube 的 localhost:5601 埠。像譯者便是在自家 Windows 7 上執行 Minikube，現在就可以打開 Windows 裡的瀏覽器輸入 localhost:5601 登入 Kibana。

[譯註2] 如果你進入 Kibana 後看到像是 Unable to fetch mapping 之類的警訊，代表 Kibana 還需要一些設定才能蒐集到資訊，請自行鑽研。

參閱

- Manoj Bhagwat 的部落格貼文「如何在 Kubernetes 中利用 Fluentd 和 ElasticSearch 來集中 Docker 的日誌紀錄」（"To Centralize Your Docker Logs with Fluentd and ElasticSearch on Kubernetes"，*https://medium.com/@manoj.bhagwat60/tocentralize-your-docker-logs-with-fluentd-and-elasticsearch-onkubernetes-42d2ac0e8b6c*）

- AWS 裡的 Kubernetes EFK 堆疊（*https://github.com/Skillshare/kubernetes-efk*）

- elk-kubernetes（*https://github.com/kayrus/elk-kubernetes*）

## 第十二章

維護與故障排除

本章將介紹一些關於應用程式層級和叢集層級的維護處理招式。我們會談到故障排除的各種層面，從 pod 和容器的故障排除，到測試服務的連通性、解譯資源的狀態、以及節點的維護等等。最後則會談到如何處理 etcd 這個 Kubernetes 的控制面儲存元件。本章既與叢集管理員有關，和應用程式開發者的關係也少不了。

12.1 在 kubectl 裡啟用自動補齊

問題

每次都要輸入 kubectl 指令的完整名稱和引數，實在很惱人，你很想要有自動補齊（autocomplete）的功能。

解法

只需為 kubectl 啟用自動補齊即可。

對於 Linux 和 *bash* 的 shell 而言，你可以在現有的 shell 裡用以下指令，為 kubectl 啟用自動補齊功能：

```
$ source <(kubectl completion bash)
```

至於其他的作業系統和 shell 的做法，請參閱文件（*https://kubernetes.io/docs/tasks/tools/install-kubectl/#enabling-shell-autocompletion*）。

參閱

- kubectl 概述（*https://kubernetes.io/docs/user-guide/kubectl-overview/*）

- kubectl 的小抄（ *https://kubernetes.io/docs/user-guide/kubectl-cheatsheet/*）

12.2 從服務中移除某一個 Pod

問題

你擁有一個定義完善的服務（參閱招式 5.1），內含數個 pod。一旦其中之一發生異常，你想把它從端點清單中分離，以便稍後檢查。

解法

利用 --overwrite 選項重新標記這個 pod，這讓你得以更改 pod 的 run 標籤值。一旦重寫了該標籤，你就可確認它不會再被服務選擇器（service selector）挑中（參閱招式 5.1），而會被從端點清單中移除。同時，負責監視 pod 的抄本集合（replica set）也會發覺有 pod 消失，因而重新啟動一份新抄本。

要觀察此一動作，請用 kubectl run 啟動一份部署（參閱招式 4.4）：

```
$ kubectl run nginx --image nginx --replicas 4
```

當你使用鍵值 run 來列舉 pod 和標籤時，會看到四個 pod、標籤值皆為 nginx（run=nginx 正好是由 kubectl run 指令自動產生的標籤）：

```
$ kubectl get pods -Lrun
NAME                      READY      STATUS        RESTARTS    AGE       RUN
nginx-d5dc44cf7-5g45r     1/1        Running       0           1h        nginx
nginx-d5dc44cf7-l429b     1/1        Running       0           1h        nginx
nginx-d5dc44cf7-pvrfh     1/1        Running       0           1h        nginx
nginx-d5dc44cf7-vm764     1/1        Running       0           1h        nginx
```

接著你便可以用服務公佈此份部署，並逐一檢查對應到每個 pod 的 IP 位址的端點：

```
$ kubectl expose deployments nginx --port 80

$ kubectl get endpoints
NAME          ENDPOINTS                                              AGE
nginx         172.17.0.11:80,172.17.0.14:80,172.17.0.3:80 + 1 more...   1h
```

只需一道指令，就可以把標籤改掉、將第一個 pod 移出服務流量：

```
$ kubectl label pods nginx-d5dc44cf7-5g45r run=notworking --overwrite
```

 若要得知某個 pod 的 IP 位址，可以用 JSON 格式列出該 pod 的項目清單、再執行一個 JQuery 查詢：

```
$ kubectl get pods nginx-d5dc44cf7-5g45r -o json | \
  jq -r .status.podIP
```

此外你會看到一個帶有 run=nginx 標籤的嶄新 pod 出現，還會看到原本已無作用的 pod 仍然存在，但已不在服務端點清單之列：

```
$ kubectl get pods -Lrun
NAME                        READY    STATUS     RESTARTS    AGE      RUN
nginx-d5dc44cf7-5g45r       1/1      Running    0           21h      notworking
nginx-d5dc44cf7-hztlw       1/1      Running    0           21s      nginx
nginx-d5dc44cf7-l429b       1/1      Running    0           5m       nginx
nginx-d5dc44cf7-pvrfh       1/1      Running    0           5m       nginx
nginx-d5dc44cf7-vm764       1/1      Running    0           5m       nginx

$ kubectl describe endpoints nginx
Name:           nginx
Namespace:      default
Labels:         run=nginx
Annotations:    <none>
Subsets:
  Addresses:            172.17.0.11,172.17.0.14,172.17.0.19,172.17.0.7
...
```

12.3　從叢集以外存取 ClusterIP 服務

問題

你有一項內部服務出現了問題,想要在不對外公佈服務的前提下、測出它在內部運行無誤。

解法

藉由 kubectl proxy 使用本地 proxy 通往 Kubernetes API 伺服器。

假設你已按照招式 12.2 建立了一份部署和服務。當你列舉服務內容時,應該會看到一個 nginx 服務:

```
$ kubectl get svc
NAME       TYPE        CLUSTER-IP      EXTERNAL-IP    PORT(S)    AGE
nginx      ClusterIP   10.109.24.56    <none>         80/TCP     22h
```

此項服務無法從 Kubernetes 叢集以外觸及。但是你可以在另一個終端畫面運行一個 proxy,然後從 localhost 觸及該服務。

首先在另一個終端畫面運行一個 proxy:

```
$ kubectl proxy
Starting to serve on 127.0.0.1:8001
```

 你可以加上 --port 選項,指定 proxy 運行所在的通訊埠。

在原本的終端機畫面裡,可以用瀏覽器或 curl 來存取服務所公佈的應用程式。注意通往服務的特定路徑內容;其中有 /proxy 字樣。若是未加上它,就必須讓 JSON 物件呈現該服務:

```
$ curl http://localhost:8001/api/v1/namespaces/default/services/nginx//proxy/
<!DOCTYPE html>
<html>
<head>
<title>Welcome to nginx!</title>
...
```

> 注意這時你也可以用 curl 取用 localhost 上所有的 Kubernetes API 了。

12.4　了解及剖析資源狀態

問題

想要根據資源狀態（如某個 pod）用指令稿或其他自動化環境（如 CI/CD 管線）作出回應。

解法

利用 kubectl get $KIND/$NAME -o json、再搭配以下所述兩種方法來剖析輸出的 JSON 文件。

如果你安裝了 JSON 查詢工具 jq（*https://github.com/stedolan/jq/wiki/Installation*），就可以利用它來剖析資源狀態。假設你有一個名為 jump 的 pod，想要知道它處於哪一種 Quality of Service（QoS）類別[1]：

```
$ kubectl get po/jump -o json | jq --raw-output .status.qosClass
BestEffort譯註
```

1　Medium 網站報導「何謂 Kubernetes 裡的 Quality of Service（QoS）類別」（"What are Quality of Service (QoS) Classes in Kubernetes"，*https://medium.com/google-cloud/quality-of-service-class-qos-in-kubernetes-bb76a89eb2c6*）。

譯註　就算你沒有叫做 jump 的 pod，隨便拿一個既有的 pod 來練習亦可。

注意 jq 的 --raw-output 引數會顯示原始資料值、而 .status.qosClass 則是符合相應子欄位的表示式。

另一種狀態查詢則與事件或狀態轉換有關：

```
$ kubectl get po/jump -o json | jq .status.conditions
[
  {
    "lastProbeTime": null,
    "lastTransitionTime": "2017-08-28T08:06:19Z",
    "status": "True",
    "type": "Initialized"
  },
  {
    "lastProbeTime": null,
    "lastTransitionTime": "2017-08-31T08:21:29Z",
    "status": "True",
    "type": "Ready"
  },
  {
    "lastProbeTime": null,
    "lastTransitionTime": "2017-08-28T08:06:19Z",
    "status": "True",
    "type": "PodScheduled"
  }
]
```

當然了，這些查詢並不限於針對 pod，你可以把同樣技巧運用在任何資源上。如查詢部署的修訂版本：

```
$ kubectl get deploy/prom -o json | jq .metadata.annotations
{
  "deployment.kubernetes.io/revision": "1"
}
```

或是列舉構成某服務的所有端點：

```
$ kubectl get ep/prom-svc -o json | jq '.subsets'
[
  {
    "addresses": [
      {
        "ip": "172.17.0.4",
        "nodeName": "minikube",
```

```json
      "targetRef": {
        "kind": "Pod",
        "name": "prom-2436944326-pr60g",
        "namespace": "default",
        "resourceVersion": "686093",
        "uid": "eee59623-7f2f-11e7-b58a-080027390640"
      }
    }
  ],
  "ports": [
    {
      "port": 9090,
      "protocol": "TCP"
    }
  ]
}
]
```

現在你已看過 jq 的動作了，讓我們繼續觀察另一種無需外部工具的方法，亦即內建的 Go 範本功能。

Go 程式語言在 text/template 套件定義了範本，可以用在任何文字或資料轉換上，而 kubectl 對此已有內建的支援。舉例來說，若要列出目前命名空間所使用的所有容器映像檔，就這樣做：

```
$ kubectl get pods -o go-template \
        --template="{{range .items}}{{range .spec.containers}}{{.image}} \
        {{end}}{{end}}"
busybox prom/prometheus
```

參閱

- jq 手冊（*https://stedolan.github.io/jq/manual/*）

- jq 遊樂場（*https://jqplay.org/*），你可以在此演練查詢而毋須安裝 jq

- Go 文件中的套件範本（*https://golang.org/pkg/text/template/*）

12.5 替 Pod 排除問題

問題

你遇上了問題，某個 pod 要不就是無法如預期般啟動、要不就是隔沒多久便發生問題。

解法

如要系統化地找出並修復問題根源，就該採取 OODA 循環（*https://en.wikipedia.org/wiki/OODA_loop*）：

1. 觀察（*Observe*）。你在容器日誌檔裡看到些什麼？發生了哪些事件？網路連結狀況如何？

2. 假設（*Orient*）。制訂一組約略的假設，但儘量保持存疑，不要太快下結論。

3. 選擇（*Decide*）。挑一種假設。

4. 行動（*Act*）。測試該項假設。如果確信無疑，代表問題已有答案；否則請回到第一步從頭再來。

來觀察一個 pod 故障的實例。請建立一個名為 *unhappy-pod.yaml* 的項目清，內容如下：

```
apiVersion:      extensions/v1beta1
kind:            Deployment
metadata:
  name:          unhappy
spec:
  replicas:      1
  template:
    metadata:
      labels:
        app:     nevermind
    spec:
      containers:
      - name:    shell
        image:   busybox
        command:
        - "sh"
        - "-c"
        - "echo I will just print something here and then exit"
```

現在你可以啟動部署，並觀察建立的 pod，你會發現它不太正常：

```
$ kubectl create -f unhappy-pod.yaml
deployment "unhappy" created

$ kubectl get po
NAME                      READY     STATUS             RESTARTS   AGE
unhappy-3626010456-4j251  0/1       CrashLoopBackOff   1          7s

$ kubectl describe po/unhappy-3626010456-4j251
Name:           unhappy-3626010456-4j251
Namespace:      default
Node:           minikube/192.168.99.100
Start Time:     Sat, 12 Aug 2017 17:02:37 +0100
Labels:         app=nevermind
                pod-template-hash=3626010456
Annotations:    kubernetes.io/created-by={"kind":"SerializedReference","apiVersion":
"v1","reference":{"kind":"ReplicaSet","namespace":"default","name":
"unhappy-3626010456","uid":
"a9368a97-7f77-11e7-b58a-080027390640"...
Status:         Running
IP:             172.17.0.13
Created By:     ReplicaSet/unhappy-3626010456
Controlled By:  ReplicaSet/unhappy-3626010456
...
Conditions:
  Type          Status
  Initialized   True
  Ready         False
  PodScheduled  True
Volumes:
  default-token-rlm2s:
    Type:       Secret (a volume populated by a Secret)
    SecretName: default-token-rlm2s
    Optional:   false
QoS Class:      BestEffort
Node-Selectors: <none>
Tolerations:    <none>
Events:
  FirstSeen    ...   Reason               Message
  ---------    ...   ------               -------
  25s          ...   Scheduled            Successfully assigned
                                          unhappy-3626010456-4j251 to minikube
  25s          ...   SuccessfulMountVolume MountVolume.SetUp succeeded for
                                          volume "default-token-rlm2s"
  24s          ...   Pulling              pulling image "busybox"
  22s          ...   Pulled               Successfully pulled image "busybox"
```

```
22s         ...   Created        Created container
22s         ...   Started        Started container
19s         ...   BackOff        Back-off restarting failed container
19s         ...   FailedSync     Error syncing pod
```

如你所見，Kubernetes 認為這個 pod 並未準備好提供服務，因為它發生了「error syncing pod」錯誤。

另一種觀察方式，便是利用 Kubernetes 的儀表板來檢視部署（圖 12-1），以及受監督的抄本集合和 pod（圖 12-2）。

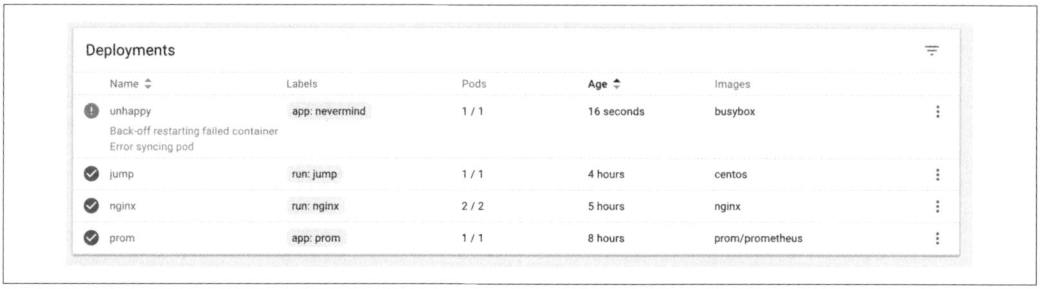

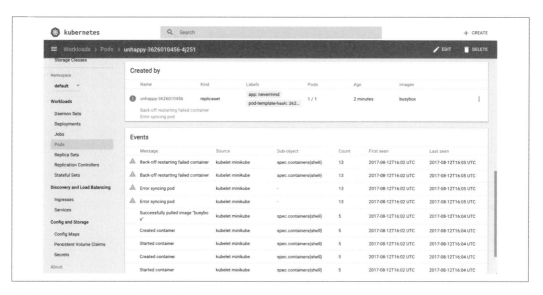

圖 12-1　處於錯誤狀態的部署畫面

圖 12-2　處於錯誤狀態的 pod 畫面

探討

任何問題，不論是 pod 故障還是節點行為異常，都可能有許多種因素。以下是若干在你懷疑軟體有問題前，應該先檢查的事項：

- 項目清單內容是否無誤？請用 Kubernetes 的 JSON schema 來檢查（*https://github.com/garethr/kubernetes-json-schema*）。

- 容器是否單獨運行在本機（亦即不在 Kubernetes 之內）？

- Kubernetes 是否能接觸到容器登錄所（registry），並真正取得容器映像檔？

- 節點彼此能否溝通？

- 節點是否能接觸到 master ？

- 叢集中是否有 DNS 可用？

- 節點是否擁有充足的資源？

- 你是否限制了容器的資源使用量（*https://hackernoon.com/container-resource-consumption-too-important-to-ignore-7484609a3bb7*）？

參閱

- Kubernetes 的應用程式故障排除官方文件
  （*https://kubernetes.io/docs/tasks/debug-application-cluster/debug-application/*）

- 應用程式的自我檢查（introspection）和除錯
  （*https://kubernetes.io/docs/tasks/debug-application-cluster/debug-application-introspection/*）

- 為 Pod 和抄寫控制器除錯
  （*https://kubernetes.io/docs/tasks/debug-application-cluster/debug-pod-replication-controller/*）

- 除錯服務（*https://kubernetes.io/docs/tasks/debug-application-cluster/debug-service/*）

- 叢集的故障排除
  （*https://kubernetes.io/docs/tasks/debug-application-cluster/debug-cluster/*）

12.6 取得詳盡的叢集狀態快照

問題

想要取得一份叢集整體狀態的詳盡快照，以便用來當做簡介、稽核、或故障排除的參考資料。

解法

使用 kubectl cluster-info dump 指令。舉例來說，若要在 *cluster-state-2017-08-13* 子目錄下建立一個叢集狀態的傾卸檔，就這樣做：

```
$ kubectl cluster-info dump --all-namespaces \
  --output-directory=$PWD/cluster-state-2017-08-13

$ tree ./cluster-state-2017-08-13
.
├── default
│   ├── cockroachdb-0
│   │   └── logs.txt
│   ├── cockroachdb-1
│   │   └── logs.txt
│   ├── cockroachdb-2
│   │   └── logs.txt
│   ├── daemonsets.json
│   ├── deployments.json
│   ├── events.json
│   ├── jump-1247516000-sz87w
│   │   └── logs.txt
│   ├── nginx-4217019353-462mb
│   │   └── logs.txt
│   ├── nginx-4217019353-z3g8d
│   │   └── logs.txt
│   ├── pods.json
│   ├── prom-2436944326-pr60g
│   │   └── logs.txt
│   ├── replicasets.json
│   ├── replication-controllers.json
│   └── services.json
├── kube-public
│   ├── daemonsets.json
│   ├── deployments.json
│   ├── events.json
```

```
│   ├── pods.json
│   ├── replicasets.json
│   ├── replication-controllers.json
│   └── services.json
├── kube-system
│   ├── daemonsets.json
│   ├── default-http-backend-wdfwc
│   │   └── logs.txt
│   ├── deployments.json
│   ├── events.json
│   ├── kube-addon-manager-minikube
│   │   └── logs.txt
│   ├── kube-dns-910330662-dvr9f
│   │   └── logs.txt
│   ├── kubernetes-dashboard-5pqmk
│   │   └── logs.txt
│   ├── nginx-ingress-controller-d2f2z
│   │   └── logs.txt
│   ├── pods.json
│   ├── replicasets.json
│   ├── replication-controllers.json
│   └── services.json
└── nodes.json
```

12.7　增加 Kubernetes 的 Worker 節點

問題

你需要在 Kubernetes 叢集中新增一個 worker 節點。

解法

按照你的環境要求方式準備一台新機器（以傳統實體主機環境為例，你需要把新伺服器安裝到機櫃裡，如果是公有雲環境，你就得建立一個新的 VM，諸如此類），然後安裝 Kubernetes 的 worker 節點所需的三個構成元件：

kubelet

這是所有 pod 的節點管理員和監督者，不論 pod 是由 API 伺服器所控制、還是在本地端執行的靜態 pod，皆是如此。注意，不論在特定節點上是否能運行何種 pod，kubelet 都是最後仲裁者，它負責的有：

- 把節點和 pod 的狀態回報給 API 伺服器。
- 定期地執行 liveness 探針。
- 掛載 pod 卷冊、及下載 secret。
- 控制容器的執行期間（runtime，以下會介紹）。

容器執行期間（Container runtime）

它負責下載容器映像檔、並運行容器。原本這是 Docker 引擎的職責，但如今它已變成一個基於容器執行期間介面（Container Runtime Interface，CRI）的可插拔系統（*https://github.com/kubernetes/community/blob/master/contributors/devel/container-runtime-interface.md*），因此你可以改為使用 CRI-O（*http://cri-o.io/*），而不再是 Docker。

kube-proxy

這個程序會在節點上動態地設定 iptables 規範，將 Kubernetes 服務抽象化（亦即將 VIP 重新導向至端點，由一個以上的 pod 來呈現服務）。

實際上的元件安裝要看你的環境和安裝方式而定（雲端、kubeadm 等等）。至於可用的選項清單，請參閱 kubelet 的參考文件（*https://kubernetes.io/docs/admin/kubelet/*）和 kube-proxy 的參考文件（*https://kubernetes.io/docs/admin/kube-proxy/*）。

探討

Worker 節點和其他像是部署和服務之類的 Kubernetes 資源不同，並非由 Kubernetes 的控制面直接建立，只是接受其控管而已。亦即當 Kubernetes 建立一個節點時，它其實只不過是建立了一個代表 worker 節點的物件罷了。Kubernetes 會針對節點的 metadata.name 欄位做健康檢查、依此驗證節點，如果節點有效（亦即所有必需的元件都已在運行中），才會被視為是叢集的一部份；不然的話就會被任一種叢集的活動所忽略，直到它真正有效為止。

參閱

- Kubernetes 架構設計文件裡的「Kubernetes 的節點」
  （"The Kubernetes Node"，*https://github.com/kubernetes/community/blob/master/contributors/design-proposals/architecture/architecture.md#the-kubernetes-node*）

- Master 節點通訊
  （*https://kubernetes.io/docs/concepts/architecture/master-node-communication/*）

- 靜態的 Pod（*https://kubernetes.io/docs/tasks/administer-cluster/static-pod/*）

12.8　排除 Kubernetes 節點以便維護

問題

需要對某個節點進行維護（像是安裝安全更新或升級作業系統）。

解法

使用 kubectl drain 指令。假設要維護的是 123-worker 這個節點：

```
$ kubectl drain 123-worker
```

當你準備好要把節點放回服務當中的時候，請改用 kubectl uncordon 123-worker，這樣一來節點就可以再度接受調度。

探討

kubectl drain 指令所做的，其實是先把指定的節點標示成不可調度（unschedulable），以防止它被視為從缺而導致新節點進入（基本上這是 kubectl cordon 的事）。接著，如果 API 伺服器支援驅逐功能（eviction，*http://kubernetes.io/docs/admin/disruptions/*），它會把這個即將被驅逐節點上運行的 pod 趕出去。不然的話就是改以一般的 kubectl delete 把 pod 刪掉。Kubernetes 的文件裡有一份簡明的步驟順序圖，如圖 12-3 所示。

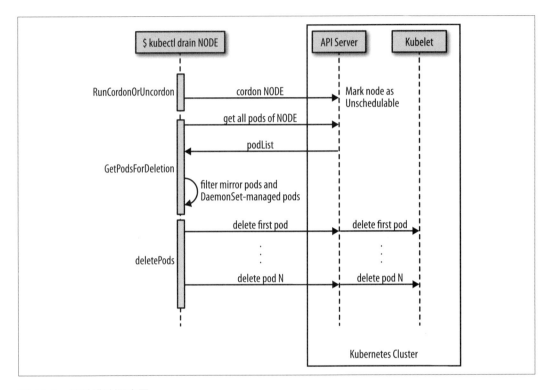

圖 12-3　節點排除順序圖

kubectl drain 指令會驅逐或刪除所有指定的節點，唯一的例外是鏡像 pod（mirror pod 是無法透過 API 伺服器加以刪除的）。如果是由 DaemonSet 所監督的 pod，除非你替 drain 加上 --ignore-daemonsets 選項，否則是無法繼續動作的，如果執意為之，那麼任何由 DaemonSet 管理的 pod 必然一個也刪不掉，這些 pod 都會立刻被 DaemonSet 控制器著手取代，因為它會無視於你加上的不可調度標誌。

> drain 會等待 pod 正常地結束，因此你應該等到 kubectl drain 指令完成動作、才繼續操作它。注意 kubectl drain $NODE –force 會驅逐任何並非由 RC、RS、工作（job）、DaemonSet 或是 StatefulSet 所管理的 pod。

參閱

- 在不影響應用程式 SLO 的情況下安全地排除一個節點
  （*https://kubernetes.io/docs/tasks/administer-cluster/safely-drain-node/*）

- kubectl 參考文件
  （*https://kubernetes.io/docs/reference/generated/kubectl/kubectl-commands#drain*）

12.9　管理 etcd

問題

你需要用 etcd 來備份或是直接驗證叢集的狀態。

解法

要存取 etcd 並進行查詢，你必須利用 curl 或是 etcdctl（*https://github.com/coreos/etcd/tree/master/etcdctl*）。例如，在 Minikube 的背景環境裡（而且安裝了 jq）：

```
$ minikube ssh

$ curl 127.0.0.1:2379/v2/keys/registry | jq .  譯註
{
  "action": "get",
  "node": {
    "key": "/registry",
    "dir": true,
    "nodes": [
      {
        "key": "/registry/persistentvolumeclaims",
        "dir": true,
        "modifiedIndex": 241330,
        "createdIndex": 241330
      },
      {
        "key": "/registry/apiextensions.k8s.io",
```

譯註 譯者的 Minikube 0.29.0 裡沒有 curl 可用，因此改用 Ubuntu 的 Kubernetes 1.12 和 etcd 3.2.24 測試，但 curl 仍查不到內容。與作者討論後認為應該與最近的 etcd 啟用 TLS 連線有關。建議在本書練習時仍以 Kubernetes 1.7 為主。

```
        "dir": true,
        "modifiedIndex": 641,
        "createdIndex": 641
    },
 ...
```

此項技巧可以運用在具備 v2 API 的 etcd 環境內（*https://coreos.com/etcd/docs/latest/v2/README.html*）

探討

在 Kubernetes 裡，etcd 是控制面的一個元件。API 伺服器（參閱招式 6.1）是無狀態的（stateless），也是唯一能與 etcd 直接溝通的 Kubernetes 元件，etcd 其實是一種分散式儲存元件，用於管理叢集狀態。基本上 etcd 是一種鍵 / 值儲存；在 etcd2 裡，鍵值形成了一個階層式架構，但從 etcd3 開始（*https://coreos.com/blog/etcd3-a-new-etcd.html*），便改為扁平式模型（但仍保持與原本階層式鍵值的回溯相容）。

 直到 Kubernetes 1.5.2 版為止，我們使用的都還是 etcd2，之後便改換成 etcd3。在 Kubernetes 1.5.x 版裡，etcd3 使用的仍是 v2 API 模式，隨後便逐步更換為 etcd 的 v3 API，v2 則逐漸被棄置。雖說從開發人員的角度看來並無太大差異，因為 API 伺服器其實自己會處理互動抽象化的部份，但身為管理員，你應該注意到 API 模式中使用的是哪一版的 etcd。

一般說來，管理 etcd 是叢集管理員的職責（亦即為其進行升級、並確保資料確實備份）。若是在控制面為人所代管的特定環境中（如 Google Kubernetes 引擎），你就無法直接取用 etcd。這是刻意設計的，因此也無從解決。

參閱

* etcd v2 叢集管理指南（*https://coreos.com/etcd/docs/latest/v2/admin_guide.html*）

* etcd v3 的災難復原指南（*https://coreos.com/etcd/docs/latest/op-guide/recovery.html*）

* 操作 Kubernetes 的 etcd 叢集
（*https://kubernetes.io/docs/tasks/administer-cluster/configure-upgrade-etcd/*）

- Minikube 文件「從 Pod 內存取 Localkube 資源：etcd 實例」
  （"Accessing Localkube Resources from Inside a Pod: Example etcd"，*https://github.com/kubernetes/minikube/blob/master/docs/accessing_etcd.md*）

- Stefan Schimanski 和 Michael Hausenblas 的部落格貼文「深入研究 Kubernetes：API 伺服器—第 2 部」
  （"Kubernetes Deep Dive: API Server – Part 2"，*https://blog.openshift.com/kubernetes-deep-dive-api-server-part-2/*）

- Michael Hausenblas 的部落格貼文「從 etcd2 移轉至 etcd3 的筆記」
  （"Notes on Moving from etcd2 to etcd3"，*https://hackernoon.com/notes-on-moving-from-etcd2-to-etcd3-dedb26057b90*）

## 第十三章

Kubernetes 的開發

現在你已見識到如何安裝 Kubernetes、並與其互動,也知道如何使用它來部署與管理應用程式,這一章裡我們要專心研究,如何讓 Kubernetes 適應你的需要,同時修正一些其中的缺陷。要作到這一點,你得安裝 Go 程式語言(*http://golang.org*)、並到 GitHub 取得 Kubernetes 的原始程式碼(*https://github.com/kubernetes/kubernetes*)。我們會告訴大家如何編譯 Kubernetes(成為一個整體),同時也會教各位如何編譯特定的元件,如用戶端工具 kubectl。此外還會展示如何利用 Python 與 Kubernetes 的 API 伺服器溝通,以及如何以自訂的資源定義來擴充 Kubernetes。

13.1 從原始碼開始編譯

問題

想要從原始碼開始、自行封裝 Kubernetes 的二進位檔,而非直接下載現成的官方釋出版二進位檔(參閱招式 2.4)、或是第三方的工具。

解法

先複製 Kubernetes 的 Git 倉庫,再從原始碼開始編譯。

如果你在一台 Docker 主機裡，就可以使用以下基礎 *Makefile* 的 quick-release 標的：

```
$ git clone https://github.com/kubernetes/kubernetes
$ cd kubernetes
$ make quick-release
```

 這個以 Docker 為基礎的建置版本需要至少 4 GB 的 RAM 才能完事。確認你的 Docker daemon 有這麼多記憶體可用。在 macOS 上，請找出 Docker for Mac 的偏好設定（preferences）、並增加指派的 RAM 容量。

編譯好的二進位檔案會位在 *_output/release-stage* 目錄底下，完整的包裝則位在 *_output/release-tars* 目錄底下。

或者，如果你有設置完備的 Golang 環境（ *https://golang.org/doc/install* ）[譯註 1]，請使用基礎 *Makefile* 的 release 標的：

```
$ git clone https://github.com/kubernetes/Kubernetes
$ cd kubernetes
$ make
```

完成的二進位檔會位在 *_output/bin* 目錄底下。[譯註 2]

參閱

*   詳盡的 Kubernetes 開發人員指南
    （ *https://github.com/kubernetes/community/tree/master/contributors/devel* ）

[譯註 1] 譯者的 Ubuntu 16.04 預裝的 Go 是 1.6.2 版，這在跑 Make 時可能會出現錯誤；但錯誤訊息也會建議你該換到 1.11.1 版的 Go。請依指示更換。Go 1.11 版裝法可以參考 *https://medium.com/@RidhamTarpara/install-go-1-11-on-ubuntu-18-04-16-04-lts-8c098c503c5f*。只需把下載原始碼內容換成 1.11.1 版即可。

[譯註 2] 這是假設你是在自己的家目錄執行以上 wget 動作之後。

13.2　編譯某個特定元件

問題

想從原始碼建置 Kubernetes 裡某一個特定元件，而非全部內容，例如，只編譯用戶端工具 kubectl。

解法

這時就不能像招式 13.1 那樣使用 make quick-release、或是只用 make，你得改用 make kubectl。

在基礎 *Makefile* 裡有可以用來建置個別元件的標的（targets）。例如，可以編譯 kubectl、kubeadm 和 hyperkube，就像這樣：

```
$ make kubectl
$ make kubeadm
$ make hyperkube
```

二進位檔都會位在 *_output/bin* 目錄之下。

13.3　使用 Python 用戶端與 Kubernetes 的 API 互動

問題

利用 Python 來撰寫指令稿、操作 Kubernetes 的 API。

解法

先安裝 kubernetes 這個 Python 模組。此模組目前由 Kubernetes 保溫箱所開發（*https://github.com/kubernetes-client/python*）。你可以從原始碼或是從 Python 封裝索引網站（Package Index site (PyPi)）開始安裝（*https://pypi.org/*）：

```
$ pip install kubernetes
```

只要可以在預設的 kubectl 背景環境下連接 Kubernetes 叢集，就代表可以使用上述的 Python 模組來和 Kubernetes 的 API 溝通了。舉例來說，以下的 Python 指令稿就能列出所有的 pod、並印出其名稱：

```
from kubernetes import client, config

config.load_kube_config()

v1 = client.CoreV1Api()
res = v1.list_pod_for_all_namespaces(watch=False)
for pod in res.items:
    print(pod.metadata.name)
```

指令稿裡的 config.load_kube_config() 呼叫，會從你的 kubectl 設定檔載入你的 Kubernetes 身份和端點。根據預設值，它會從你現在的背景環境載入叢集端點和身份資訊。

探討

Python 用戶端天生就可以使用 Kubernetes API 的 OpenAPI 規格。它是最新的規格、還可以自動生成。所有的 API 都可以透過這個用戶端使用。

每一群 API 都對應到一個特殊的類別（class），因此若要呼叫 /api/v1 這個 API 群組中某個物件身上的方法，就必須先把 CoreV1Api 這個類別轉變成實例（instantiate）。若要使用部署，就需要先把 extensionsV1beta1Api 這個類別轉變成實例。所有的方法和對應的 API 群組實例，都可以在自動生成的 *README* 裡找到（*https://github.com/kubernetes-client/python/tree/master/kubernetes*）。

參閱

* 專案倉庫中的範例
  （*https://github.com/kubernetes-client/python/tree/master/examples*）

13.4　使用自訂的資源定義（Custom Resource Definition, CRD）來擴充 API

問題

你有一個自訂的工作負載，但沒有一個既有的資源是合用的，不管是 Deployment、Job、還是 StatefulSet，通通都不行。因此想要用能代表你的工作負載的新資源，來擴充 Kubernetes 的 API，同時還能如常般使用 kubectl 操作。

解法

使 用 CustomResourceDefinition（CRD）（*https://kubernetes.io/docs/concepts/extend-kubernetes/api-extension/custom-resources/*）如下述。

設想你要定義一個種類為 Function 的自訂資源。代表這是一種短期執行、像 Job 一樣的資源，類似 AWS Lambda 所提供的，一種函式即服務（Function-as-a-Service, FaaS，有時也被誤稱為 "serverless"）的概念。

> 如果你需要一個運行在 Kubernetes 上、現成可用的 FaaS 解決方案，請參閱招式 14.7。

首先，請用 *functions-crd.yaml* 這個項目清單檔案定義 CRD：

```
apiVersion: apiextensions.k8s.io/v1beta1
kind:       CustomResourceDefinition
metadata:
  name:     functions.example.com
spec:
  group:    example.com
  version:  v1
  names:
    kind:   Function
    plural: functions
    scope:  Namespaced
```

然後讓 API 伺服器知道有這個新 CRD 存在（它得花上幾分鐘註冊）：

```
$ kubectl create -f functions-crd.yaml
customresourcedefinition "functions.example.com" created
```

現在你定義出一個自訂的 Function 資源、而且 API 伺服器也知道它的存在了，於是你可以透過內容如下的項目清單檔 *myfaas.yaml* 將它轉變成實例：

```
apiVersion: example.com/v1
kind:        Function
metadata:
  name:      myfaas
spec:
  code:      "http://src.example.com/myfaas.js"
  ram:       100Mi
```

然後像平常一樣建立一個種類為 Function 的資源 myfaas：

```
$ kubectl create -f myfaas.yaml
function "myfaas" created
```

```
$ kubectl get crd functions.example.com -o yaml
apiVersion: apiextensions.k8s.io/v1beta1
kind: CustomResourceDefinition
metadata:
  creationTimestamp: 2017-08-13T10:11:50Z
  name: functions.example.com
  resourceVersion: "458065"
  selfLink: /apis/apiextensions.k8s.io/v1beta1/customresourcedefinitions
            /functions.example.com
  uid: 278016fe-81a2-11e7-b58a-080027390640
spec:
  group: example.com
  names:
    kind: Function
    listKind: FunctionList
    plural: functions
    singular: function
  scope: Namespaced
  version: v1
status:
  acceptedNames:
    kind: Function
    listKind: FunctionList
    plural: functions
```

```
    singular: function
  conditions:
  - lastTransitionTime: null
    message: no conflicts found
    reason: NoConflicts
    status: "True"
    type: NamesAccepted
  - lastTransitionTime: 2017-08-13T10:11:50Z
    message: the initial names have been accepted
    reason: InitialNamesAccepted
    status: "True"
    type: Established

$ kubectl describe functions.example.com/myfaas
Name:          myfaas
Namespace:     default
Labels:        <none>
Annotations:   <none>
API Version:   example.com/v1
Kind:          Function
Metadata:
  Cluster Name:
  Creation Timestamp:                    2017-08-13T10:12:07Z
  Deletion Grace Period Seconds:         <nil>
  Deletion Timestamp:                    <nil>
  Resource Version:                      458086
  Self Link:                             /apis/example.com/v1/namespaces/default
                                         /functions/myfaas
  UID:                                   316f3e99-81a2-11e7-b58a-080027390640
Spec:
  Code: http://src.example.com/myfaas.js
  Ram:  100Mi
Events: <none>
```

若要找出 CRD，只需詢問 API 伺服器。例如，透過 kubectl proxy，可以存取本地端的
API 伺服器，並查詢鍵值空間（以本例來說就是 example.com/v1）：

```
$ curl 127.0.0.1:8001/apis/example.com/v1/ | jq .
{
  "kind": "APIResourceList",
  "apiVersion": "v1",
  "groupVersion": "example.com/v1",
  "resources": [
    {
      "name": "functions",
```

```
          "singularName": "function",
          "namespaced": true,
          "kind": "Function",
          "verbs": [
            "delete",
            "deletecollection",
            "get",
            "list",
            "patch",
            "create",
            "update",
            "watch"
          ]
        }
      ]
    }
```

於是你便看到了這個資源和可以操作它的動詞部份（verbs）。

若你要清除 myfaas 這個自訂資源的實例，直接刪除即可：

```
$ kubectl delete functions.example.com/myfaas
function "myfaas" deleted
```

探討

各位已經領略到要建立一個 CRD 是多麼簡單直接。從一般使用者的角度來看，CRD 代表了一個一貫的 API、而且跟 pod 或 job 作業這些原生的資源幾乎無從區分。所有常用的指令，包括 kubectl get 和 kubectl delete 等等，都可以如常般運作。

然而建立一個 CRD，其實還沒能真正達到完全擴展 Kubernetes API 的境地，連一半都不到。光是只有 CRD，不過是讓你可以透過 etcd 裡的 API 伺服器存取自訂資料而已。你還需要撰寫自訂的控制器（*https://engineering.bitnami.com/articles/a-deep-dive-into-kubernetes-controllers.html*），藉以解譯用於呈現使用者意圖的自訂資料，同時建立一個控制迴圈，藉以把現有的狀態拿來和宣告的狀態作比較，並嘗試調和二者。

直到 1.7 版為止，我們現在稱之為 CRD 的東西還被叫作是 *third-party resources*（第三方資源，簡稱 TPR）。如果你剛好擁有一個 TPR，鄭重建議你現在就把它轉移成 CRD（*https://kubernetes.io/docs/tasks/access-kubernetes-api/migrate-third-party-resource/*）。

CRD 的主要限制（以及你可能會想要在特定案例中運用使用者 API 伺服器的理由）包括：

- 每個 CRD 只支援一個版本，雖然一個 API 群組裡可以有好幾個版本（亦即你無法在不同的 CRD 表示方式之間轉換）。

- 在 1.7 版（含）之前，CRDS 不支援對欄位賦予預設值。

- 從 1.8 版起才能對定義在 CRD 規格裡的欄位作驗證。

- 不可能定義出次級資源，像是 status 資源之類。

參閱

- 透過 CustomResourceDefinitions 擴充 Kubernetes 的 API
  （*https://kubernetes.io/docs/tasks/access-kubernetes-api/extend-api-custom-resource-definitions/*）

- Stefan Schimanski 與 Michael Hausenblas 的部落格貼文「深入研究 Kubernetes：API 伺服器—3a 部份」
  （"Kubernetes Deep Dive: API Server – Part 3a"，*https://blog.openshift.com/kubernetes-deep-dive-api-server-part-3a/*）

- Aaron Levy 的 KubeCon 2017 專題「撰寫自訂的控制器：擴充叢集的功能」
  （"Writing a Custom Controller: Extending the Functionality of Your Cluster"，*https://www.youtube.com/watch?v=_BuqPMlXfpE*）

- Tu Nguyen 的專文「深入探討 Kubernetes 控制器」
  （"A Deep Dive into Kubernetes Controllers"，*https://engineering.bitnami.com/articles/a-deep-dive-into-kubernetes-controllers.html*）

- Yaron Haviv 的專文「用自訂資源擴充 Kubernetes 1.7 版」
  （"Extend Kubernetes 1.7 with Custom Resources"，*https://thenewstack.io/extend-kubernetes-1-7-custom-resources/*）

## 第十四章

周邊生態系統

本章要來看看 Kubernetes 的各種周邊生態系統；亦即 Kubernetes 保溫箱（*https://github. com/kubernetes-incubator*）裡的軟體、以及相關的專案，如（*https://helm.sh*）和 kompose （*http://kompose.io/*）。

14.1 **安裝** Kubernetes **的套件管理員** Helm

問題

你不想要手動撰寫所有的 Kubernetes 項目清單。相反地，想要從倉庫找出現成的套件，然後只要用指令列介面下載和安裝就好。

解法

用 Helm（*https://github.com/kubernetes/helm*）就可以解決。Helm 是 Kubernetes 的套件管理員；它把 Kubernetes 套件定義成一組項目清單和若干中繼資料（metadata）的集合。項目清單其實就是範本。當 Helm 將套件轉變成實例時，就會在範本裡把資料值填好。一個 Helm 套件被稱為圖表（chart）。

Helm 有一個用戶端的指令列介面，稱為 helm，伺服器端則叫做 tiller。你用 helm 來操作圖表，而 tiller 則像平常的 Kubernetes 部署一樣運行在 Kubernetes 叢集當中。

你可以從原始碼建構 Helm，或是從 GitHub 的發佈頁面（*https://github.com/kubernetes/helm/releases*）下載、將包裝檔解開、然後把 helm 的二進位檔案移到你的 $PATH 環境內。舉例來說，如果在 macOS 上安裝 2.7.2 版的 Helm，就這樣做：^{譯註}

```
$ wget https://storage.googleapis.com/kubernetes-helm/\
  helm-v2.7.2-darwin-amd64.tar.gz

$ tar -xvf helm-v2.7.2-darwin-amd64.tar.gz

$ sudo mv darwin-amd64/64 /usr/local/bin

$ helm version
```

現在 helm 指令已位在你的 $PATH 環境中，可以用它來啟動 Kubernetes 叢集中的伺服器端元件 tiller 了。以下我們用 Minikube 示範：

```
$ kubectl get nodes
NAME       STATUS    AGE      VERSION
minikube   Ready     4m       v1.7.8

$ helm init
$HELM_HOME has been configured at /Users/sebgoa/.helm.

Tiller (the helm server side component) has been installed into your Kubernetes
Cluster. Happy Helming!

$ kubectl get pods --all-namespaces | grep tiller
kube-system    tiller-deploy-1491950541-4kqxx    0/1  ContainerCreating  0  1s
```

現在你都準備好、可以安裝為數過百套件中的任何一者了（*https://hub.kubeapps.com/*）。

14.2　用 Helm 安裝應用程式

問題

已經安裝 helm 指令（參閱招式 14.1），現在要搜尋合適的圖表、並用來部署。

譯註 譯者以 Ubuntu 測試，可以安裝 *https://storage.googleapis.com/kubernetes-helm/helm-v2.7.2-linux-amd64.tar.gz* 的 helm。

解法

根據預設，Helm 附帶了一些已設定好的圖表倉庫。這些倉庫都是由社群所維護的；你可以到 GitHub 閱讀其詳情（*https://github.com/kubernetes/charts*）。那裡有上百種圖表可供參考。

舉例來說，假設要部署 Redis。你可以在 Helm 倉庫中搜尋 redis、然後安裝它。Helm 會按照圖表建立稱為發佈（*release*）的實例。

首先要驗證 tiller 確實已在運行，而你已設定好了預定的倉庫：

```
$ kubectl get pods --all-namespaces | grep tiller
kube-system    tiller-deploy-1491950541-4kqxx    1/1    Running    0    3m

$ helm repo list
NAME     URL
stable   http://storage.googleapis.com/kubernetes-charts
```

現在可以著手蒐尋 Redis 套件了：

```
$ helm search redis
NAME                      VERSION DESCRIPTION
stable/redis              0.5.1   Open source, advanced key-value store. It ...
testing/redis-cluster     0.0.5   Highly available Redis cluster with multiple...
testing/redis-standalone  0.0.1   Standalone Redis Master
stable/sensu              0.1.2   Sensu monitoring framework backed by the ...
testing/example-todo      0.0.6   Example Todo application backed by Redis
```

然後用 helm install 建立發佈內容：^{譯註}

```
$ helm install stable/redis
```

Helm 會按照圖表中的定義內容建立 Kubernetes 物件；如 secret（參閱招式 8.2）、PVC（參閱招式 8.5）、服務（參閱招式 5.1）或是部署。全部組合起來以後，這些物件就會構成一份 Helm 的發佈內容，讓你可以集中管理。

譯註 由於較新版的 Kubernetes 預設都會啓用 RBAC，因此這裡安裝 stable/redis 時也許會碰上 no available release name found 這個錯誤訊息，解法請參照 *https://docs.helm.sh/using_helm/#example-service-account-with-cluster-admin-role*。其實不過是建立一個服務帳號 tiller、並將其與 cluster-admin 這個 role 綁在一起後，再用 helm init --service-account tiller 啓動 tiller，方可安裝 redis。（譯者的 redis 安裝後，master/slave 兩個 pod 啓動都仍有問題，但應該是其他原因造成）

結果自然會是一個運行良好的 redis pod：

```
$ helm ls
NAME              REVISION   UPDATED                    STATUS      CHART        ...
broken-badger     1          Fri May 12 11:50:43 2017   DEPLOYED    redis-0.5.1  ...

$ kubectl get pods
NAME                                 READY    STATUS      RESTARTS    AGE
broken-badger-redis-4040604371-tcn14 1/1      Running     0           3m
```

要進一步了解 Helm 圖表、以及如何建立你自己的圖表，請參閱招式 14.3。[譯註]

14.3　建立自己的圖表以便用 Helm 打包應用程式

問題

你寫了一個由數個 Kubernetes 項目清單構成的應用程式，想把它打包成 Helm 圖表。

解法

用 `helm create` 和 `helm package` 指令即可。

使用 `helm create`，就可以產生 Helm 圖表的骨架。請在終端機畫面下達此一指令，並指定圖表名稱。假設要建立一個名為 oreilly 的圖表：

```
$ helm create oreilly
Creating oreilly

$ tree oreilly/
oreilly/
├── Chart.yaml
├── charts
├── templates
│   ├── NOTES.txt
```

[譯註] 依上一個譯註所說明的方式，用 helm 安裝 redis 雖可無錯誤訊息過關，但裝好後的 master/slave 兩個 pod 卻仍有問題無法運作；目前只能從 get statefulset.apps/mangy-butterfly-redis-master -o yaml 的內容中推測，有一個 initialContainer 使用了 image: docker.io/busybox:latest 的設定，而我們在 5.2 就已經知道最新版 busybox 會有 DNS 問題。譯者猜測這會造成 master pod 的 DNS 問題而無法與 slave 溝通，結果兩個 pod 都起不來。只能設法自行修改圖表、或是等來源修正。

```
|   ├── _helpers.tpl
|   ├── deployment.yaml
|   ├── ingress.yaml
|   └── service.yaml
└── values.yaml

2 directories, 7 files
```

如果你的項目清單都早已寫好，就可以將其複製到 /templates 目錄底下，然後把骨架建立的部份檔案刪除。如果想把項目清單製作成範本，那就把需要填入項目清單的資料寫入 values.yaml 中。接著編輯中繼資料檔案 Chart.yaml，如果有任何相關的圖表，就放到 /charts 目錄下。

在本機端測試 Helm 圖表的方式如下：

```
$ helm install ./oreilly
```

最後，你可以用 helm package oreilly/ 完成打包動作。這樣會把圖表包裝成一個 tarball，把它複製到本機端的圖表倉庫裡，並替這個本機倉庫產生一個新的 index.yaml 檔案。檢查 ~/.helm 目錄，應該可以看到類似以下的內容：

```
$ ls -l ~/.helm/repository/local/
total 16
-rw-r--r--  1 sebgoa  staff    379 Dec 16 21:25 index.yaml
-rw-r--r--  1 sebgoa  staff   1321 Dec 16 21:25 oreilly-0.1.0.tgz
```

執行 helm search oreilly，就可以看到本機端的圖表：

```
$ helm search oreilly
NAME            VERSION  DESCRIPTION
local/oreilly   0.1.0    A Helm chart for Kubernetes
```

參閱

- Kubernetes 的 Bitnami 文件「如何建立你自己的第一份 Helm 圖表」（"How to Create Your First Helm Chart"，*https://docs.bitnami.com/kubernetes/how-to/create-your-first-helm-chart/*）

- Helm 文件「圖表實務指南」（"The Chart Best Practices Guide"，*https://docs.helm.sh/chart_best_practices/*）

14.4 把你的 Docker Compose 檔案轉換成 Kubernetes 項目清單

問題

你是從 Docker 容器起步的，而且寫了好些 Docker compose 檔案來定義你的多重容器應用程式。現在你想改用 Kubernetes，你想知道該如何把 Docker compose 檔案重新利用。

解法

請使用 kompose 這個指令列介面工具，它會把你的 Docker compose 檔案轉換成 Kubernetes 的項目清單。

開始前，請先從 GitHub 的發佈頁面下載 kompose（*https://github.com/kubernetes-incubator/ kompose/releases*），並將其移到 $PATH 代表的環境中以便使用。

如果是在 macOS 上，就這樣做：^{譯註}

```
$ wget https://github.com/kubernetes-incubator/kompose/releases/download/\
      v1.6.0/kompose-darwin-amd64

$ sudo mv kompose-darwin-amd64 /usr/local/bin/kompose

$ sudo chmod +x /usr/local/bin/kompose

$ kompose version
1.6.0 (ae4ef9e)
```

假設有以下這個 Docker compose 檔案，用於啟動 redis 容器：

```
version: '2'

services:
  redis:
    image: redis
    ports:
    - "6379:6379"
```

譯註 如果是 Ubuntu Linux，可改到 *https://github.com/kubernetes/kompose/releases/download/v1.16.0/kompose-linux-amd64.tar.gz* 下載。

你可以透過以下指令自動把它轉換成 Kubernetes 項目清單：

```
$ kompose convert --stdout
```

項目清單會顯示在 stdout，其結果會是一個 Kubernetes 服務和一份部署。如要自動建立
這些物件，可以使用與 Docker compose 相容的指令：

```
$ kompose up
```

有的 Docker compose 指示語句是無法轉換成 Kubernetes 的，遇到這種
情況時，compose 會印出警訊，告知你轉換沒成功。

雖說這通常不會造成問題，但還是有可能導致轉換出來的項目清單無法在
Kubernetes 裡運作。這是因為轉換結果不完善所導致的。然而，它至少
可以提供一個「幾乎」可用的 Kubernetes 項目清單。最該注意的是，處
理卷冊和網路隔離時，通常都需要你親手處理。

探討

主要的 kompose 指令包括 convert、up 和 down。你可以從指令列介面用 --help 選項檢視
每一個指令的詳細說明。

根據預設，kompose 會把你的 Docker 服務轉換成 Kubernetes 的部署和相關服務。你
也可以指定 DaemonSet 的用法（參閱招式 7.3），或是利用 OpenShift 專用物件，如
DeploymentConfiguration（*https://docs.okd.io/latest/architecture/core_concepts/deployments.
html#deployments-and-deployment-configurations*）。

14.5　用 kubicorn 建立 Kubernetes 叢集

問題

在 AWS 上建立 Kubernetes 叢集。

解法

請 利 用 kubicorn（*https://github.com/kris-nova/kubicorn*）來 建 立 和 管 理 AWS 上 的 Kubernetes 叢集。由於 kubicorn 目前還未提供二進位發佈內容，你得先自行安裝 Go（*https://golang.org/dl/*）才能完成以下動作。

首先要用 Go 安裝 kubicorn，請確認 Go（一定要 1.8 版以上）已先裝好。以下我們以 CentOS 環境為例。

```
$ go version
go version go1.8 linux/amd64

$ yum group install "Development Tools" \
  yum install ncurses-devel

$ go get github.com/kris-nova/kubicorn
...
Create, Manage, Image, and Scale Kubernetes infrastructure in the cloud.

Usage:
  kubicorn [flags]
  kubicorn [command]

Available Commands:
  adopt      Adopt a Kubernetes cluster into a Kubicorn state store
  apply      Apply a cluster resource to a cloud
  completion Generate completion code for bash and zsh shells.
  create     Create a Kubicorn API model from a profile
  delete     Delete a Kubernetes cluster
  getconfig  Manage Kubernetes configuration
  help       Help about any command
  image      Take an image of a Kubernetes cluster
  list       List available states
  version    Verify Kubicorn version

Flags:
  -C, --color       Toggle colorized logs (default true)
  -f, --fab         Toggle colorized logs
  -h, --help        help for kubicorn
  -v, --verbose int Log level (default 3)

Use "kubicorn [command] --help" for more information about a command.
```

一旦裝好了 kubicorn 指令，就可以選一個 *profile* 建立叢集資源、並驗證資源是否都已正確定義：

```
$ kubicorn create --name k8scb --profile aws
2017-08-14T05:18:24Z [✔]  Selected [fs] state store
2017-08-14T05:18:24Z [✿]  The state [./_state/k8scb/cluster.yaml] has been...

$ cat _state/k8scb/cluster.yaml
SSH:
  Identifier: ""
  metadata:
    creationTimestamp: null
  publicKeyPath: ~/.ssh/id_rsa.pub
  user: ubuntu
cloud: amazon
kubernetesAPI:
  metadata:
    creationTimestamp: null
  port: "443"
location: us-west-2
...
```

我們所使用的預設資源 profile 都假設你在 ~/.ssh 下已擁有成對密鑰 id_rsa（私鑰）和 id_rsa.pub（公鑰）。如果還沒有，你就該加以補正。此外也請注意預設使用的區域是 us-west-2 的 Oregon（美國西北部奧勒岡州）。

要繼續下述的步驟，你必須是 AWS Identity and Access Management（IAM）的使用者，同時具備這些權限：AmazonEC2FullAccess、AutoScalingFullAccess、以及 AmazonVPCFullAccess。如果你還沒 IAM 的使用權限，現在正好弄一個。[1]

最後要做的，就是替 kubicorn 把你使用的 IAM 使用者身份（參閱上一步）設定成環境變數如下：

```
$ export AWS_ACCESS_KEY_ID=************************
$ export AWS_SECRET_ACCESS_KEY=************************************
```

---

[1] AWS 身份與存取管理使用者指南「在你的 AWS 帳號中建立 IAM 使用者」（"Creating an IAM User in Your AWS Account"，*http://docs.aws.amazon.com/IAM/latest/UserGuide/id_users_create.html*）。

現在一切就緒，可以根據以上的資源定義和你提供的 AWS 存取來建立叢集了：

```
$ kubicorn apply --name k8scb
2017-08-14T05:45:04Z [✔]  Selected [fs] state store
2017-08-14T05:45:04Z [✔]  Loaded cluster: k8scb
2017-08-14T05:45:04Z [✔]  Init Cluster
2017-08-14T05:45:04Z [✔]  Query existing resources
2017-08-14T05:45:04Z [✔]  Resolving expected resources
2017-08-14T05:45:04Z [✔]  Reconciling
2017-08-14T05:45:07Z [✔]  Created KeyPair [k8scb]
2017-08-14T05:45:08Z [✔]  Created VPC [vpc-7116a317]
2017-08-14T05:45:09Z [✔]  Created Internet Gateway [igw-e88c148f]
2017-08-14T05:45:09Z [✔]  Attaching Internet Gateway [igw-e88c148f] to VPC ...
2017-08-14T05:45:10Z [✔]  Created Security Group [sg-11dba36b]
2017-08-14T05:45:11Z [✔]  Created Subnet [subnet-50c0d919]
2017-08-14T05:45:11Z [✔]  Created Route Table [rtb-8fd9dae9]
2017-08-14T05:45:11Z [✔]  Mapping route table [rtb-8fd9dae9] to internet gate...
2017-08-14T05:45:12Z [✔]  Associated route table [rtb-8fd9dae9] to subnet ...
2017-08-14T05:45:15Z [✔]  Created Launch Configuration [k8scb.master]
2017-08-14T05:45:16Z [✔]  Created Asg [k8scb.master]
2017-08-14T05:45:16Z [✔]  Created Security Group [sg-e8dca492]
2017-08-14T05:45:17Z [✔]  Created Subnet [subnet-cccfd685]
2017-08-14T05:45:17Z [✔]  Created Route Table [rtb-76dcdf10]
2017-08-14T05:45:18Z [✔]  Mapping route table [rtb-76dcdf10] to internet gate...
2017-08-14T05:45:19Z [✔]  Associated route table [rtb-76dcdf10] to subnet ...
2017-08-14T05:45:54Z [✔]  Found public IP for master: [34.213.102.27]
2017-08-14T05:45:58Z [✔]  Created Launch Configuration [k8scb.node]
2017-08-14T05:45:58Z [✔]  Created Asg [k8scb.node]
2017-08-14T05:45:59Z [✔]  Updating state store for cluster [k8scb]
2017-08-14T05:47:13Z [✿]  Wrote kubeconfig to [/root/.kube/config]
2017-08-14T05:47:14Z [✿]  The [k8scb] cluster has applied successfully!
2017-08-14T05:47:14Z [✿]  You can now `kubectl get nodes`
2017-08-14T05:47:14Z [✿]  You can SSH into your cluster ssh -i ~/.ssh/id_rsa ...
```

雖然這裡無法顯示五光十色的效果，但最後四行輸出其實是綠色的文字，告訴你每件事都設置成功。你也可以用瀏覽器逕自到 Amazon EC2 控制台驗證，如圖 14-1 所示。

圖 14-1　Amazon EC2 控制台。圖中所示為 kubicorn 所建立的兩個節點

現在請依照以上 kubicorn apply 指令輸出的最後一行指示，用 ssh 登入叢集：

```
$ ssh -i ~/.ssh/id_rsa ubuntu@34.213.102.27
The authenticity of host '34.213.102.27 (34.213.102.27)' can't be established.
ECDSA key fingerprint is ed:89:6b:86:d9:f0:2e:3e:50:2a:d4:09:62:f6:70:bc.
Are you sure you want to continue connecting (yes/no)? yes
Warning: Permanently added '34.213.102.27' (ECDSA) to the list of known hosts.
Welcome to Ubuntu 16.04.2 LTS (GNU/Linux 4.4.0-1020-aws x86_64)

 * Documentation:  https://help.ubuntu.com
 * Management:     https://landscape.canonical.com
 * Support:        https://ubuntu.com/advantage

  Get cloud support with Ubuntu Advantage Cloud Guest:
    http://www.ubuntu.com/business/services/cloud


75 packages can be updated.
32 updates are security updates.


To run a command as administrator (user "root"), use "sudo <command>".
See "man sudo_root" for details.

ubuntu@ip-10-0-0-52:~$ kubectl get all -n kube-system
```

```
NAME                                          READY    STATUS
po/calico-etcd-qr3f1                          1/1      Running
po/calico-node-9t472                          2/2      Running
po/calico-node-qlpp6                          2/2      Running
po/calico-policy-controller-1727037546-f152z  1/1      Running
po/etcd-ip-10-0-0-52                          1/1      Running
po/kube-apiserver-ip-10-0-0-52                1/1      Running
po/kube-controller-manager-ip-10-0-0-52       1/1      Running
po/kube-dns-2425271678-zcfdd                  0/3      ContainerCreating
po/kube-proxy-3s2c0                           1/1      Running
po/kube-proxy-t10ck                           1/1      Running
po/kube-scheduler-ip-10-0-0-52                1/1      Running

NAME             CLUSTER-IP      EXTERNAL-IP   PORT(S)       AGE
svc/calico-etcd  10.96.232.136   <none>        6666/TCP      4m
svc/kube-dns     10.96.0.10      <none>        53/UDP,53/TCP 4m

NAME                             DESIRED  CURRENT  UP-TO-DATE  AVAILABLE  AGE
deploy/calico-policy-controller  1        1        1           1          4m
deploy/kube-dns                  1        1        1           0          4m

NAME                                   DESIRED  CURRENT  READY  AGE
rs/calico-policy-controller-1727037546 1        1        1      4m
rs/kube-dns-2425271678                 1        1        0      4m
```

完成後，請記得拆除 Kubernetes 叢集如下（注意這可能要花上好幾分鐘）：

```
$ kubicorn delete --name k8scb
2017-08-14T05:53:38Z [✔]  Selected [fs] state store
Destroying resources for cluster [k8scb]:
2017-08-14T05:53:41Z [✔]  Deleted ASG [k8scb.node]
...
2017-08-14T05:55:42Z [✔]  Deleted VPC [vpc-7116a317]
```

探討

雖然 kubicorn 仍是相當新穎的專案，它的功能確毋庸置疑，你也可以在 Azure（*http://kubicorn.io/documentation/azure-walkthrough.html*）和 Digital Ocean（*http://kubicorn.io/documentation/do-walkthrough.html*）上建立叢集。

由於 kubicorn 不提供二進位的檔案（至少是還沒有），它的確需要你先安裝 Go，但它的組態確實富於彈性，處理起來也很直觀，尤其是當你已經具備管理員經驗的時候。

參閱

- kubicorn 文件「在 AWS 裡設置 Kubernetes」
  (*http://kubicorn.io/documentation/aws-walkthrough.html*)
- Lachlan Evenson 的影片導覽「在 Digital Ocean 裡用 Kubicorn 設置 Kubernetes 叢集」
  (*"Building a Kubernetes Cluster on Digital Ocean Using Kubicorn"*，*https://www.youtube.com/watch?v=XpxgSZ3dspE*)

14.6 　用版本控制功能儲存加密的 Secrets

問題

想把所有的 Kubernetes 項目清單放進版本控制系統，並安全地分享它們（甚至對外公開），連 secrets 都包含在內。

解法

利用 sealed-secrets（*https://github.com/bitnami/sealed-secrets*）。sealed-secrets 是 Kubernetes 控制器，能把單向加密的 secret 解密，並建立叢集內的 Secret 物件（參見招式 8.2）。

你的敏感資訊都會加密成為 SealedSecret 物件，它其實是一種自訂的 CRD 資源（參閱招式 13.4）。SealedSecret 可以安全地存放在版本控制系統中、並公開分享。一旦在 Kubernetes API 伺服器裡建立了 SealedSecret，控制器便會將其解密，並據以建立對應的 Secret 物件（這個就只有使用 base64 編碼而已）。

開始之前，請先下載最新版的 kubeseal 二進位檔。它可以幫你加密 secrets：

```
$ GOOS=$(go env GOOS)

$ GOARCH=$(go env GOARCH)

$ wget https://github.com/bitnami/sealed-secrets/releases/download/v0.5.1/
        kubeseal-$GOOS-$GOARCH

$ sudo install -m 755 kubeseal-$GOOS-$GOARCH /usr/local/bin/kubeseal
```

然後建立 SealedSecret 這個 CRD，並啟動控制器：

```
$ kubectl create -f https://github.com/bitnami/sealed-secrets/releases/
                 download/v0.5.1/sealedsecret-crd.yaml譯註

$ kubectl create -f https://github.com/bitnami/sealed-secrets/releases/
                 download/v0.5.1/controller.yaml
```

結果就是你會得到一個新的自訂資源、以及一個運行在命名空間 kube-system 裡的 pod：

```
$ kubectl get customresourcedefinitions
NAME                          AGE
sealedsecrets.bitnami.com     34s

$ kubectl get pods -n kube-system | grep sealed
sealed-secrets-controller-867944df58-l74nk   1/1      Running   0       38s
```

現在你可以使用 sealed-secrets 了。首先請產生一個 generic secret 項目清單：

```
$ kubectl create secret generic oreilly --from-literal=password=root -o json
                                         --dry-run > secret.json

$ cat secret.json
{
    "kind": "Secret",
    "apiVersion": "v1",
    "metadata": {
        "name": "oreilly",
        "creationTimestamp": null
    },
    "data": {
        "password": "cm9vdA=="
    }
}
```

 要建立項目清單，但不在 API 伺服器裡建立物件，請加上 --dry-run 選項。這會把項目清單內容顯示到 stdout。如果要做成 YAML 檔，就改用 -o yaml 選項；若是 JSON 檔，就改用 -o json 選項。

譯註 這個 yaml 檔的內容有點問題，繼續做下去會無法如預期般建立 sealedsecret。
請用 wget 下載檔案後使用編輯器，將
pattern: ^[^A-Za-z0-9+/=]*$ 這一行改成 pattern: ^[A-Za-z0-9+/=]*$
重新存回原檔名。這樣就可以順利完成實驗了。

然後用 kubeseal 指令產生一個新的自訂 SealedSecret 物件：

```
$ kubeseal < secret.json > sealedsecret.json

$ cat sealedsecret.json
{
  "kind": "SealedSecret",
  "apiVersion": "bitnami.com/v1alpha1",
  "metadata": {
    "name": "oreilly",
    "namespace": "default",
    "creationTimestamp": null
  },
  "spec": {
    "data": "AgDXiFG0V6NKF8e9k1NeBMc5t4QmfZh3QKuDORAsFNCt50wTwRhRLRAQOnz0sDk..."
  }
}
```

現在你可以安全地把 *sealedsecret.json* 放到版本控制裡了。只有儲存在 sealed-secret 控制器裡的私鑰能將它解密。一旦你建立了 SealedSecret 物件，控制器便會偵測到它、將其解密、最後產生對應的 secret：

```
$ kubectl create -f sealedsecret.json
sealedsecret "oreilly" created

$ kubectl get sealedsecret
NAME        AGE
oreilly     5s

$ kubectl get secrets
NAME        TYPE      DATA      AGE
...
oreilly     Opaque    1         5s
```

參閱

- sealed-secrets 倉庫（*https://github.com/bitnami/sealed-secrets*）

- Angus Lees 的專文「Sealed Secrets：在密碼進入 Kubernetes 前加以保護」
  （"Sealed Secrets: Protecting Your Passwords Before They Reach Kubernetes"，
  https://engineering.bitnami.com/articles/sealed-secrets.html）

14.7 用 kubeless 部署 Functions

問題

想在 Kubernetes 裡部署 Python、Node.js、Ruby 或是 PowerShell 的 function，但不想建置 Docker 容器。此外，還要用 HTTP、或是發送事件給訊息匯流排（message bus）等方式呼叫這些 function。

解法

使用 Kubernetes 原生的 serverless 解決方案 kubeless。

kubeless 利用 CustomResourceDefinition（參閱招式 13.4）來定義 Function 物件和控制器，以便將 pod 裡的 function 部署到 Kubernetes 叢集內。

雖說其可行性相當先進，在這個招式裡我們仍會展示基本的範例，告訴各位如何部署一個 Python function，藉以回傳你交付給它的 JSON 酬載。

首先要建立一個 kubeless 命名空間，並啟動控制器。要做到這一點，你必須到 GitHub 發佈頁面取得每一版的項目清單（*https://github.com/kubeless/kubeless/releases*）。在同樣的發佈頁面中，請一併下載 kubeless 的二進位檔：

```
$ kubectl create ns kubeless

$ curl -sL https://github.com/kubeless/kubeless/releases/download/v0.3.1/\
          kubeless-rbac-v0.3.1.yaml | kubectl create -f -

$ wget https://github.com/kubeless/kubeless/releases/download/v0.3.1/\[譯註 1]
      kubeless_darwin-amd64.zip

$ sudo cp bundles/kubeless_darwin-amd64/kubeless /usr/local/bin[譯註 2]
```

[譯註 1] Ubuntu 使用者可以改為下載
https://github.com/kubeless/kubeless/releases/download/v0.3.1/kubeless_linux-amd64.zip

[譯註 2] 這裡少了以 unzip 將 zip 檔解開的步驟。以 Ubuntu 為例，解開的檔案會在 *~/bundles/kubeless_linux-amd64/kubeless*。

在 kubeless 命名空間裡，你會看到這三個 pod：即監看 Function 自訂端點的控制器、以及 Kafka 和 Zookeeper 這兩個 pod。只會有當 function 為事件所觸發時，才需要後兩者。至於由 HTTP 觸發的 function，你只需確保控制器有在運行即可：

```
$ kubectl get pods -n kubeless
NAME                              READY   STATUS    RESTARTS   AGE
kafka-0                           1/1     Running   0          6m
kubeless-controller-9bff848c4-gnl7d  1/1  Running   0          6m
zoo-0                             1/1     Running   0          6m
```

要測試 kubeless，請撰寫以下的 Python function，將檔名命名為 *post.py*：

```
def handler(context):
    print context.json
    return context.json
```

然後你就可以用 kubeless 指令列介面把這個 function 部署到 Kubernetes 裡。function deploy 指令可以接收好幾種選用引數。`--runtime` 選項會指定該 function 由何種語言所撰寫；`--trigger-http` 選項則指定這個 function 只會被 HTTP(S) 呼叫所觸發；而 `--handler` 選項則可指定 function 名稱、並以儲存有 function 的檔案基礎名稱（basename）作為前綴（prefix）。最後則是 `--from-file` 選項，用來指定 function 的原始檔案：

```
$ kubeless function deploy post-python --trigger-http \ ᵗ
                                       --runtime python2.7 \
                                       --handler post.handler \
                                       --from-file post.py
INFO[0000] Deploying function...
INFO[0000] Function post-python submitted for deployment
INFO[0000] Check the deployment status executing 'kubeless function ls post-python'

$ kubeless function ls
NAME          NAMESPACE   HANDLER              RUNTIME   TYPE   TOPIC
post-python   default     hellowithdata.handler  python   2.7    HTTP

$ kubectl get pods
NAME                          READY   STATUS    RESTARTS   AGE
post-python-5bcb9f7d86-d7nbt  1/1     Running   0          6s
```

ᵗ 新版 kubeless 已不支援 `--trigger-http` 這個參數。

kubeless 控制器會偵測到新的 Function 物件,並據以建立部署。這個 function 的程式碼會儲存在一個 config map 裡(參閱招式 8.3),然後在運行 pod 時注入其中。HTTP 會呼叫出這個 function。以下便顯示這幾種物件:

```
$ kubectl get functions
NAME            AGE
post-python     2m

$ kubectl get cm
NAME            DATA        AGE
post-python     3           2m

$ kubectl get deployments
NAME            DESIRED     CURRENT     UP-TO-DATE     AVAILABLE     AGE
post-python     1           1           1              1             2m
```

可以透過 kubeless function call 指令呼叫這個 function,就像這樣:

```
$ kubeless function call post-python --data '{"oreilly":"function"}'
{"oreilly": "function"}
```

kubeless 並不僅限於作為基本的 HTTP 觸發 function。你可以用 kubeless 的 --help 選項來鑽研這個指令介面 kubeless --help。

參閱

- Kubeless 倉庫(*https://github.com/kubeless/kubeless*)

- Kubeless 範例(*https://github.com/kubeless/kubeless/tree/master/examples*)

- Azure 容器服務裡的 Kubeless
  (*https://kubeless.io/docs/kubeless-on-AKS/*)

相關資源

一般資源

- Kubernetes 官網文件（*https://kubernetes.io/docs/home/*）

- GitHub 上的 Kubernetes 倉庫（*https://github.com/kubernetes/kubernetes/*）

- GitHub 上的 Kubernetes 社群（*https://github.com/kubernetes/community/*）

課程與範例

- Kubernetes 範例（*http://kubernetesbyexample.com*）

- Katacoda 的 Kubernetes 遊樂場
  （*https://www.katacoda.com/courses/kubernetes/playground*）

- Brendan Burns、Kelsey Hightower 與 Joe Beda 合著的《*Kubernetes：建置與執行*》
  （*http://books.gotop.com.tw/v_A557*）

索引

※ 提醒您：由於翻譯書排版的關係，部份索引名詞的對應頁碼會和實際頁碼有一頁之差。

關於作者

Sebastien Goasguen 在 90 年代晚期就建置了他的第一套運算叢集，拜 Fortran 77 和偏微分方程式之賜，完成了博士學位。但他在平行電腦方面的掙扎，讓他日後致力於將運算化為實用工具，並專注在網格運算、以及日後的雲端技術之上。15 年後，他私心盼望容器和 Kubernetes 能讓他重新專心撰寫應用程式。

他目前擔任 Bitnami 的雲端技術資深主管，在此致力於 Kubernetes 開發。此外他還在 2015 年創立了 Skippbox。他在 Skippbox 時建立了數種開放原始碼的軟體應用程式和工具，藉以改善 Kubernetes 的使用者體驗。他同時也是 Apache 軟體基金會的成員、及 Apache CloudStack 的前任副總裁。Sebastien 專精雲端周邊生態系統，同時也對十多種開放原始碼專案有所貢獻。他還是 *Docker Cookbook* 的作者、一位熱心的部落客、以及為訂閱 Safari 的讀者擔任 Kubernetes 概念的線上講師。

Michael Hausenblas 是 RedHat 的 Go 語言、Kubernetes 以及 OpenShift 的開發倡導者，他協助 AppOps 建置和營運分散式服務。專精於大規模資料處理與容器調度，同時在 W3C 和 IETF 也都有豐富的標準化倡導經驗。加入 Red Hat 前，Michael 曾在 Mesosphere、MapR、以及愛爾蘭和奧地利的研究機構工作。他的貢獻涵蓋開放原始碼軟體（主要使用 Go 語言）、部落格，在推特上也很活躍。

出版記事

本書的封面動物是孟加拉鵰鴞（*Bubo bengalensis*）。這種大型、有角狀飾羽的貓頭鷹，通常成對出沒於南亞地區的丘陵和多岩石的森林地帶。

孟加拉鵰鴞身長 19 ～ 22 英吋，重約 39 ～ 70 盎司。其羽毛為棕灰色或米色，耳部則通常有棕色的簇狀羽毛。相較於身體的中性色調，牠的眼睛則是顯眼的橘黃色。有橘色眼睛的貓頭鷹通常都在晝間獵食，主要的獵物是老鼠之類的齧齒類動物，但冬季時偶爾也會獵食其他鳥類。這種貓頭鷹常以共鳴的方式發出響亮的「嗚——呼」雙聲調低沉鳴聲，在黃昏或拂曉都很容易聽到。

雌鳥會在地表淺坑、岩石壁和河岸築巢，一次產下約 2 至 5 顆奶油色的卵。孵化時間約為 33 天。當幼鳥成長至約 10 週大時，就已具備成鳥的身形，但還未完全成熟，仍須倚靠親鳥達 6 個月之久。為避免其他掠食者侵擾，親鳥常會假裝翅膀有傷、或以鋸齒狀路線飛行。

O'Reilly 書籍封面上的許多動物都面臨瀕臨絕種的危機，牠們都是這個世界重要的一份子，如果想瞭解您可以如何幫助牠們，請拜訪 *animals.oreilly.com* 以取得更多訊息。

封面主圖來自於 *Meyers Kleines Lexicon* 一書。

Kubernetes 錦囊妙計

作　　　者：Sébastien Goasguen, Michael Hausenblas
譯　　　者：林班侯
企劃編輯：莊吳行世
文字編輯：王雅雯
設計裝幀：陶相騰
發 行 人：廖文良

發 行 所：碁峰資訊股份有限公司
地　　　址：台北市南港區三重路 66 號 7 樓之 6
電　　　話：(02)2788-2408
傳　　　真：(02)8192-4433
網　　　站：www.gotop.com.tw
書　　　號：A582
版　　　次：2018 年 12 月初版
建議售價：NT$420

國家圖書館出版品預行編目資料

Kubernetes 錦囊妙計 / Sébastien Goasguen, Michael Hausenblas
　　原著；林班侯譯. -- 初版. -- 臺北市：碁峰資訊, 2018.12
　　　　面；　　公分
　　譯自：Kubernetes Cookbook: Building Cloud Native
Applications
　　ISBN 978-986-476-921-6(平裝)
　　1.作業系統　2.軟體研發
312.54　　　　　　　　　　　　　　　　　107015777

讀者服務

● 感謝您購買碁峰圖書，如果您
  對本書的內容或表達上有不清
  楚的地方或其他建議，請至碁
  峰網站：「聯絡我們」\「圖書問
  題」留下您所購買之書籍及問
  題。(請註明購買書籍之書號及
  書名，以及問題頁數，以便能
  儘快為您處理)
  http://www.gotop.com.tw

● 售後服務僅限書籍本身內容，
  若是軟、硬體問題，請您直接
  與軟體廠商聯絡。

● 若於購買書籍後發現有破損、
  缺頁、裝訂錯誤之問題，請直
  接將書寄回更換，並註明您的
  姓名、連絡電話及地址，將有
  專人與您連絡補寄商品。